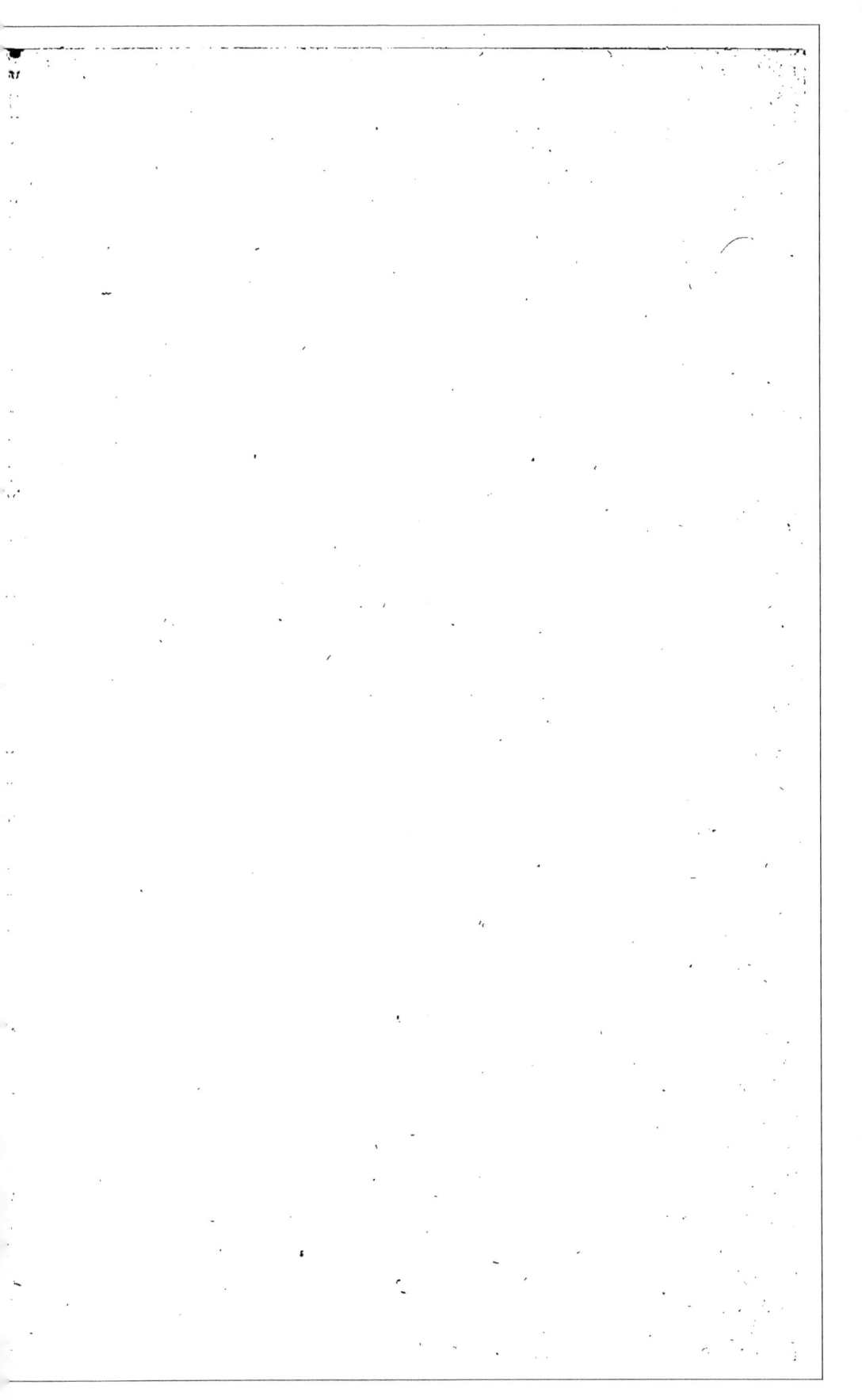

S

Ⓒ

97783

NOTICE HISTORIQUE.

Typ. de A. SIRET, place de l'Hôtel-de-Ville, 3.

NOTICE HISTORIQUE

SUR LA

SOCIÉTÉ D'AGRICULTURE

DE LA ROCHELLE

(DE 1760 A 1788),

LUE A CETTE SOCIÉTÉ, LE 13 NOVEMBRE 1853,

PAR

L.-P.-C. GODINEAU.

LA ROCHELLE,

CHEZ GOUT, LIBRAIRE, RUE DU PALAIS, 26 & 28.

—

1854

Je dédie cette notice à la Société d'Agriculture de la Rochelle, en souvenir de l'accueil bienveillant qu'elle a fait à mon travail, et de l'impartialité dont elle a donné la preuve en contribuant à la publication d'une œuvre, écrite à un point de vue bien différent de celui de la plupart de ses membres.

Je suis heureux de le dire, — et chacun sera de mon avis après avoir lu les pages qui vont suivre, — la Société d'Agriculture de la Rochelle a su, dès le principe, réserver les

idées personnelles de ses membres, pour diri-
ger les efforts communs vers les sentiments
généreux qui commandent l'indulgence, et
font respecter les idées d'autrui.

Deux hommes ont été l'âme de la Société
d'Agriculture de la Rochelle : Arcère, prêtre,
et Fleuriau de Bellevue, protestant; le premier, de 1762 à 1782, le second, de 1800
à 1852. — Ils ont laissé des successeurs.

Arcère a beaucoup écrit. Son *Histoire de
la Rochelle et du pays d'Aulnis* est un monu-
ment qui fera vivre son nom, alors même
qu'il ne restera plus de vestige des statues de
ses contemporains. Sa tombe, fermée en 1782,
est probablement perdue parmi bien d'autres
tombes. Son histoire, sans être parfaite, restera.

Fleuriau de Bellevue, moins grand écrivain
mais plus grand agriculteur, a beaucoup fait

et peu écrit, du moins pour la postérité. —
Son buste, élevé au jardin botanique de la
Rochelle, va rappeler aux yeux l'homme dont
le souvenir est déjà gravé au fond des cœurs.
— Mais pour une vie si bien remplie et si
noblement employée, un buste ne suffit pas.,
Le bronze est trop rebelle pour raconter les
précieux détails de cette existence honnête et
modeste. C'est l'histoire de FLEURIAU DE BEL-
LEVUE qu'il nous faut. Celui qui acceptera
cette tâche peut faire un bon livre. Il fera, à
coup sûr, une bonne action.

Je n'ai pas été assez heureux pour achever,
avant la mort de M. FLEURIAU, le faible écrit
que je publie. Ses encouragements m'ont aidé
à l'entreprendre. Sa bonté le lui eut fait bien
accueillir.

LA JARRIE, Avril 1854.

Notre société , vous le savez , Messieurs , date
de 1762. A cette époque , la Rochelle venait , à
la faveur du traité de Paris qui pourtant ruinait
son commerce avec le Canada et le Sénégal , de
rentrer en paix avec l'Angleterre. Saint-Domingue
florissait , et la fortune de Saint-Domingue affluait
dans notre port. Nos relations commerciales nous
fournissaient d'immenses débouchés du côté de
Paris , de Limoges , et dans tout l'intérieur de
la France. La violation par les anglais, du traité
d'Aix-la-Chapelle, la confiscation de nos vaisseaux,
les tentatives contre Rochefort et Fouras, le bom-
bardement de l'Ile-d'Aix s'effaçaient peu à peu

des esprits pour faire place à des idées de fortune enhardies chaque jour par le succès : La Rochelle prospérait.

Mais la prospérité n'endormait pas l'incessante activité de nos pères. Les anglais venaient d'abandonner nos vins, et, presque aussitôt, nos vins, convertis en eaux-de-vie, inondaient les colonies anglaises d'Amérique. Puis, on songeait à faciliter les transports à l'intérieur, et le projet du canal de la Rochelle à Niort, déjà vieux de cinquante ans, était remis à l'étude.

A côté du commerce, grandissait aussi l'amour des sciences et des lettres. Déjà, la Rochelle possédait une Société Philarmonique, une Académie Royale et un Collège de médecine. Déjà, l'on citait les noms de Valin, de Dupaty (1), de Seignette et de Réaumur. Arcère, dont nous allons retrouver le nom dans les travaux de notre société, venait de publier son *Histoire de la Rochelle et du Pays d'Aunis*. Neuf mille volumes de la bibliothèque de Richard-des-Herbiers avaient été offerts par ce savant, ancien trésorier de France, à la ville de

(1) Quelques années plus tard, on publia, à la Rochelle, le quatrain suivant de François de Neufchâteau, adressé à M. Dupaty, avocat général au Parlement de Bordeaux :

« Je suis étranger dans Athènes,
» Mon œil contemplateur admire ses vaisseaux,
» Son musée et son port, et tous ses arsenaux ;
» Mais je voudrais voir Démosthènes. »

la Rochelle. M. Seignette, maire de la même ville, travaillait à la création d'une école de chirurgie.

Le moment, vous le voyez, Messieurs, était favorable à l'établissement de notre société.

Car en même temps que la Rochelle s'élevait par son commerce, par son amour des sciences et des lettres, l'agriculture languissait dans un déplorable abandon. Le sol, grevé d'impôts, de redevances de toutes sortes, nourrissait avec peine quelques rares cultivateurs. Une famille toute entière gagnait en moyenne dix sous par jour. Aussi, c'était chaque jour quelque émigration nouvelle vers les villes, quelque bande nouvelle de maraudeurs ou de mendiants. Des contrées immenses étaient couvertes de broussailles et donnaient asile, tout à la fois, aux voleurs qui pillaient les fermes, et aux loups qui dévoraient les troupeaux. Les bras manquaient à la culture et les champs étaient stériles.

Et pourtant, telle était l'habitude, chez nos pères, de vivre dans cette ignorance, dans ces périls et dans cette pauvreté, que nul ne songeait à créer la science agricole, ni à combattre cette espèce de mépris que l'on professait alors pour les cultivateurs.

Nul ne songeait, je me trompe. Un homme ardemment convaincu, un homme d'une persévé-

rance rare, M. Bertin, Contrôleur général des
finances, entreprenait vers ce même temps, de
régénérer l'agriculture en France.

Mais il fallait pour cela correspondre avec les
intendants des diverses généralités, et les intendants, hommes fort capables d'ailleurs, n'avaient
aucunes dispositions pour la science agricole. De
ce nombre étaient, d'abord M. Barentin, intendant
de la généralité de la Rochelle, qui n'avait pu semer
convenablement de la graine de muriers, ensuite,
son successeur, M. Baillon, dont M. Bertin réussit
à faire le fondateur de notre société.

C'était en 1760, M. Baillon avait reçu du ministre une lettre ainsi conçue :

Paris, 22 Août 1760.

Monsieur,

« Le Roy occupé des moyens d'étendre et de
perfectionner l'agriculture dans son royaume, m'a
chargé de vous écrire pour vous engager à porter
de plus en plus vos réflexions sur un objet aussi
important, et à lui rendre compte des moyens que
vous croirez les plus propres à seconder ses vues
dans la province confiée à vos soins.

» Pour vous secourir dans une matière qui peut
vous être neuve à certains égards et vous donner
les connaissances locales qui vous seront néces-

saires, Sa Majesté a cru qu'il pourrait être avantageux de rassembler auprès de vous ce que vous
connaîtrez de plus éclairé en ce genre , de tenir
des assemblées aux jours que vous indiquerez, et
de proposer et discuter dans ces assemblées tout
ce qui pourra encourager de plus en plus la culture
des biens fonds et ce qui y est relatif , comme la
multiplication des bestiaux et des choses nécessaires
à leur subsistance. Je vous prie de me mander ce
que vous pensez de cette proposition, et d'y joindre
le projet des arrangements que vous croirez devoir
prendre, même les noms des personnes dont vous
vous proposerez de composer ces assemblées d'a-
griculture. J'en rendrai compte au Roy, et je vous
ferai savoir ses intentions. »

M. Baillon lut et relut cette lettre. Mais c'était
chose considérable alors que de créer une Société
d'Agriculture. On ne connaissait guère dans tout le
royaume d'autre Société d'Agriculture que celle de
Bretagne dont les statuts et réglements n'étaient
pas publics. Pour créer une Société semblable à la
Rochelle il fallait inventer, et l'honorable M. Baillon,
en agriculture du moins, n'était pas inventeur. Ne
pouvant mieux faire, il temporisa.

Le 17 novembre 1760 , il reçut une nouvelle
lettre de M. Bertin. Le ministre lui écrivait :

Versailles, 17 Novembre 1760.

« Monsieur,

» Messieurs de la Société d'Agriculture établie en Bretagne, ont fait imprimer les observations qu'ils ont faites à ce sujet. J'ai cru devoir vous en adresser un exemplaire. Je souhaite que vous puissiez y trouver des vues utiles pour seconder les intentions où est le Roy, comme je vous l'ai mandé par ma lettre du 22 août dernier, de protéger l'agriculture dans tout son royaume. Sa Majesté apprendra, avec bien de la satisfaction, que vous vous occupiez de cet objet. Je vous prie, à cet effet, de me faire part de ce qui aura résulté des éclaircissements que vous aurez jugé à propos de prendre et de vos réflexions.

» Je suis, &. »

Le Société de Bretagne venait fort à propos au secours de l'intendant, mais je l'ai déjà dit, et quelque honorable que fût d'ailleurs M. Baillon, l'agriculture n'était pas sa passion dominante.

Il continua de temporiser jusqu'au mois de mars 1761, époque à laquelle il reçut du ministre l'envoi suivant :

28 Mars 1761.

« Monsieur,

» Le Roy ayant approuvé l'empressement que plusieurs particuliers de la généralité de Tours ont

montré de seconder ses intentions et de se former
en société pour favoriser les progrès de l'agriculture
dans leur province, Sa Majesté a rendu en son Conseil un arrêt qui les autorise à cet effet, je vous en
envoie un exemplaire. Je ne doute pas, Monsieur,
que vous ne concouriez aux mêmes vues , et que
vous ne me mettiez bientôt en état de rendre
compte au Roy des mesures que vous aurez prises
pour rassembler auprès de vous un nombre de
personnes zélées et désintéressées qui aient la
bonne volonté de s'occuper sérieusement de cet
objet , il n'en est aucun qui mérite une attention
plus suivie de votre part, puisque l'Agriculture est
la véritable richesse et la ressource de l'État.

» Je suis, &. »

« Je joins encore ici l'arrêt rendu pour l'établissement de la Société de Paris , qui s'est formée
après celle de Tours. »

Il n'y avait plus à reculer. L'arrêt rendu pour
l'établissement de la Société de Paris, pouvait servir
littéralement à l'établissement de la Société de la
Rochelle. Mais pour une Société il fallait des sociétaires , et l'intendant , sur ce point encore , se
trouvait au dépourvu. Les propriétaires de la
province, auxquels M. Baillon s'était adressé, se
tenaient eux-mêmes dans une très grande réserve;

ils voulaient savoir avant de faire partie d'une société
d'agriculture quelles matières ils auraient à traiter,
quels devoirs ils auraient à remplir.

Les choses en étaient là quand M. Bertin, qui ne
perdait pas son projet de vue, écrivit à l'intendant,
à la date du 15 novembre 1761, la nouvelle lettre
que voici :

15 Octobre 1761.

« La Société d'Agriculture de Paris ayant fait
imprimer les délibérations prises dans ses assemblées , pendant les six premiers mois de son établissement , j'ai cru devoir vous en envoyer un
exemplaire qui servira à faire connaître, dans votre
généralité, quel est l'esprit qui anime ces Sociétés,
leur plan de travail et de quelle utilité elles peuvent
être dans les provinces. Je serai charmé d'apprendre les mesures que vous aurez prises pour en
établir une pareille. Celles qui sont établies dans
d'autres généralités, correspondent déjà entre elles
et il n'en peut résulter qu'un très grand bien.

» Je suis, &.   Signé : BERTIN. »

Cette fois , l'intendant se mit bravement à
l'œuvre ; il copia les considérants et les articles
des arrêts rendus pour les sociétés de Tours et de
Paris ; il y ajouta la liste des personnes notables
qui avaient consenti à faire partie de la Société de

la Rochelle, et accompagna cet envoi de la lettre
suivante, en date du 4 février 1762 :

« Monsieur,

» J'ai l'honneur de vous envoyer un projet d'arrêt
pour l'établissement d'une Société d'Agriculture à
la Rochelle, j'y joins la liste des personnes qui
m'ont paru les plus propres à composer cette
Société. Ils ont tous accepté. Ils possèdent des
biens dans les provinces d'Aunis et de Saintonge ,
ils s'occupent de l'Agriculture et des moyens de
l'encourager et perfectionner. La Société aura des
correspondants dans les principaux lieux de cette
généralité. De toutes les villes qui en dépendent ,
il n'y a que la Rochelle assez considérable pour
qu'on y établisse un bureau. Je me suis au surplus
conformé dans la rédaction du projet d'arrêt, aux
dispositions de ceux qui ont été rendus pour les
généralités de Paris et de Tours. Je vous prie de
vouloir bien me le faire adresser lorsqu'il sera
expédié ; la Société commencera aussitôt ses
assemblées. »

M. Bertin avait trop persévéré dans son désir
de créer une Société d'Agriculture à la Rochelle ,
pour ne pas donner suite aussitôt à la proposition
de M. Baillon. La lettre de ce dernier était partie
de la Rochelle le 4 février. On sait avec quelle

lenteur se faisait alors le transport des dépêches ; eh bien, onze jours après, le 15 février 1762, le roi rendait en conseil d'état, à Versailles, l'arrêt dont la teneur suit :

Extrait des Registres du Conseil d'État.

« Le Roy étant informé que plusieurs de ses sujets, zélés pour le bien public, se portaient avec autant d'empressement que d'intelligence à l'amélioration de l'Agriculture dans son royaume, et que, dans la vue d'encourager les cultivateurs par leurs exemples, à défricher les terres incultes, à acquérir de nouveaux genres de culture et à perfectionner les différentes méthodes de cultiver les terres actuellement en valeur, ils se seraient proposé d'établir, sous la protection de Sa Majesté, des Sociétés d'Agriculture dont les membres éclairés par une pratique constante, se communiqueraient leurs observations et en donneraient connaissance au public, que nommément dans la généralité de la Rochelle, un certain nombre de personnes qui possèdent ou cultivent des terres dans les provinces d'Aunis ou de Saintonge, occupées du désir d'augmenter la culture et de l'encourager, n'attendent que la permission de Sa Majesté pour se former en société et travailler de concert sur cet objet, Sa Majesté s'étant fait rendre compte du plan qui lui a été proposé pour l'établissement de ladite Société et des personnes qui doivent la composer ;

» Vu l'avis du sous-Intendant de la généralité de la Rochelle, sur l'utilité de cet établissement ;

» Ouï le rapport du sieur Bertin, Conseiller ordinaire au Conseil royal, Contrôleur général des Finances ;

» LE ROY EN SON CONSEIL a ordonné et ordonne ce qui suit :

ARTICLE PREMIER.

» Il sera établi, dans la généralité de la Rochelle, une Société qui fera son unique occupation de l'agriculture et de tout ce qui y a rapport, sans qu'elle puisse prendre connaissance d'aucune autre matière ; elle résidera dans la ville de la Rochelle. Elle sera composée de quatorze personnes, comprises dans la liste annexée au présent arrêt, et aura le sieur Intendant et Commissaire, départi dans la généralité de la Rochelle, séance et voix délibérative dans toutes les assemblées, comme Commissaire du Roy.

ARTICLE DEUXIÈME.

» Les assemblées ordinaires de ladite Société se tiendront une fois chaque semaine, dans le lieu et au jour qu'il sera convenu. Pourront, à cet effet, les membres de ladite Société, prendre pour la police intérieure, le lieu et le jour desdites assem-

blées et pour l'élection des membres, telle délibé-
ration qu'ils aviseront bon être.

ARTICLE TROISIÈME.

» Les délibérations qui seront prises par la Société
sur le fait de l'agriculture et tous les mémoires qui
y seront relatifs , seront adressés au sieur Contrôleur général des Finances, pour, sur le compte qui
en sera par lui rendu à Sa Majesté , être par elle
ordonné ce qu'il appartiendra.

» Fait au Conseil d'État du Roy , Sa Majesté y
étant, tenu à Versailles , le quinze février mil sept
cent soixante-deux.   Signé : BERYER.

» En suit la liste des personnes qui composent
la Société d'Agriculture de la généralité de la Rochelle :

» MM. Le marquis DE CHATELAILLON, grand Séné-
      chal d'Aunis ;

      Le marquis DE CULAN , Mestre de camp de
      dragons ;

      Le baron DE PAULÉON ;

      DE THORINVILLE , Capitaine général de la
      capitainerie de la Rochelle ;

      DE LA NOUE ;

      MOUCHARD, Receveur général des Finances
      de Champagne ;

      LAMBERT—LASIROY, Trésorier de France ;

      MONNIER , Négociant ;

De la Croix , Négociant ;

Weiss , Négociant ;

De Bussac , Avocat ;

Mesnard de la Garde , Directeur de la Monnaie ;

De la Faille , Contrôleur ordinaire des guerres ;

Arcère , Prêtre de l'Oratoire , Secrétaire perpétuel.

» Signé : Beryer. »

Cet arrêt, écrit sur parchemin, fut transmis avec quelques exemplaires imprimés , à M. Baillon, le 14 mars de la même année.

Le lendemain, 15 mars, M. Parent, conseiller à la cour des monnaies de Paris , envoyait au même M. Baillon, d'autres exemplaires imprimés de l'arrêt du 15 février , avec les arrêts des sociétés d'Auvergne, Limoges, Lyon, Rouen, Orléans, Paris, Soissons, Tours, Bourges , Alençon et Auch , afin que Messieurs de la Société de la Rochelle pussent correspondre avec ceux de Messieurs des autres Sociétés , qui seraient de leur connaissance , ou avec les secrétaires perpétuels de ces Sociétés , en observant d'adresser leurs dépêches à l'intendant de chaque généralité pour éviter des frais.

A partir de ce moment, la Société d'Agriculture

de la Rochelle se mit à l'œuvre , et ce n'est pas sans un vif intérêt qu'on peut lire encore le recueil de ses travaux , écrit tout entier de la main de Louis Etienne Arcère , prêtre de l'Oratoire , son secrétaire perpétuel.

Le premier soin de nos prédécesseurs , fut de remercier M. le Controleur général Bertin de la part qu'il avait prise à l'organisation de leur société. « La Société royale d'Agriculture de la Rochelle,
» écrivaient-ils à M. Bertin , le 25 juin 1762 ,
» vient de se former sous vos auspices. Ses pre-
» miers soins doivent être un témoignage de
» reconnaissance , daignez en agréer l'hommage
» respectueux , et nos remercîments au nom du
» public , pour des établissements utiles qui sont
» les fruits de vos conseils , et qui feront une
» partie des succès de votre ministère. Notre zèle
» à seconder les sages vues du gouvernement sera
» pour nous un devoir , et l'amour de la patrie
» changera ce devoir en sentiment. »

Mais la nouvelle société s'aperçut bientôt que livrée à ses seules ressources, elle manquerait d'action et de renseignements sur l'état de l'Agriculture dans la province. Elle demanda et obtint de pouvoir créer des membres associés dans les divers cantons de la généralité. Le ministre l'autorisa même à avoir des membres correspondants.

Les lettres d'associés étaient ainsi conçues :

« La Société royale d'Agriculture de la généra-
» lité de la Rochelle, assemblée en la manière
» accoutumée, ayant égard à la proposition qui
» lui a été faite de recevoir N. pour associé, suf-
» samment instruite de son zèle pour le bien
». public et pour l'amélioration de l'agriculture, l'a
» reçu en cette qualité. Délibéré à la Rochelle ,
» dans l'assemblée tenue le.... du mois de......
» 17.... »

Les lettres de correspondants étaient, à quelques
expressions près, rédigées dans les mêmes termes.

Tous les subdélégués de la généralité reçurent
le titre de correspondants.

La Société adressa ensuite aux secrétaires des
autres Sociétés d'Agriculture, une circulaire où les
fleurs du langage et l'excessive urbanité de l'époque, se révélait à chaque phrase sous la plume
exercée du père Arcère. Je ne puis résister au
plaisir d'en citer quelques lignes :

« La Société d'Agriculture tout récemment éta-
» blie dans notre généralité , me charge de faire
» passer jusqu'à vous ses sentiments de considé-
» ration et d'estime pour une Société aussi distin-
» guée que la vôtre. Nous désirons avec empres-
» sement d'associer à vos travaux nos faibles

» soins, persuadés que le bien général , surtout
» en matière d'agriculture , demande une fré-
» quente communication d'expériences et de pro-
» cédés. Des rayons épars et qu'on n'aperçoit pas
» dans le vague des airs , réunis dans un centre
» commun , lançent de vifs faisceaux de lumière.
» Nous courons avec vous une même carrière.
» Heureusement vous nous l'avez applanie. Nous
» n'aurons , d'après vous , ni cet esprit d'inno-
» vation qui ne cherche que de nouvelles routes,
» ni ce respect imbécile pour des usages anciens
» et qui n'ose jamais s'élancer au-delà de la
» spère commune.

» Quand notre province nous offrira quelque
» détail intéressant, nous aurons l'honneur de vous
» en faire part. Nous nous flattons aussi que vous
» voudrez bien faire refluer sur nous vos richesses.
» Comme nous ne serons pas toujours en état de
» vous en envoyer l'équivalent, alors notre recon-
» naissance toute seule nous acquittera envers des
» citoyens généreux qui ne cherchent, dans le bien
» qu'ils font, que l'unique plaisir de le faire. »

Je terminerai ces citations par la reproduction
de la lettre écrite, le 10 septembre 1762, à M.
Duhamel de Monceau, qui avait fait présent à la
Société de ses *Éléments d'Agriculture:*

« Monsieur , j'ai présenté à la Société le beau
» présent que vous avez bien voulu lui faire. Elle
» me charge de vous en témoigner toute sa re-
» connaissance. Nous vous regardons comme le
» Columelle (1) des Français. Dans les temps hé-
» roïques, on décernait les honneurs de la divinité
» à ceux qui se distinguaient par quelque invention
» utile à l'agriculture. Pour nous qui ne vivons pas
. » dans l'âge des fables , nous vous payons bien
» sincèrement un juste tribut d'estime et d'amira-
» tion pour des ouvrages aussi avantageux à l'hu-
» manité que le sont ceux dont vous enrichissez
» le public. »

M. Bertin encourageait de tous ses efforts les
Sociétés d'Agriculture créées par ses soins sur tous
les points importants du royaume. Après avoir autorisé ces Sociétés à correspondre en franchise les
unes avec les autres sous le couvert des Intendants,
il les informait, le 14 septembre 1762, que les frais
des différents objets relatifs à leurs assemblées seraient prélevés sur les excédans de la capitation.(2)

---

(1) Columelle (Lucius Junius Moderatus Columella), né à Cadix,
vivait sous le règne de Claude, et composa, vers l'an 42 de notre
ère , ses deux fameux ouvrages, le *Traité de l'Agriculture* , en
douze livres (*de re rusticâ*), et le *Traité sur les Arbres* (*de arbori-
bus*). Les anciens surnommèrent Columelle le *Père de l'Agriculture*.
(DICT. ENCYCLOPÉDIQUE.)

(2) Fonds destiné à soulager les paroisses qui avaient souffert
dans leurs récoltes ou subi quelque perte imprévue.

Au mois de novembre 1762 , la Société de la Rochelle vit éclore dans son sein une œuvre qui attira sur elle l'attention des autres Sociétés ; c'était un mémoire de M. de la Faille , sur les moyens de multiplier les fumiers. Pour la première fois , nos prédécesseurs révélaient d'une manière sérieuse leur existence aux agriculteurs. Aussi, le mémoire de M. de la Faille fut-il répandu de toutes parts , par les soins de la Société. Un exemplaire fut envoyé à M. le Contrôleur général Bertin , avec une lettre commençant par ces mots : « La Société » royale d'Agriculture , a l'honneur de vous offrir » les prémices de son travail. Ce n'est encore là » qu'un faible germe que la sagesse de vos vues » a fait éclore et qui dans la suite s'élèvera sous » vos auspices pour donner des fruits......» (1)

D'autres exemplaires furent envoyés aux subdélégués de la généralité et à toutes les Sociétés d'Agriculture de France.

La Société de Paris répondit à cet envoi par une lettre des plus flatteuses, et par la proposition d'une correspondance suivie.

Ce premier succès excita l'émulation de la Société de la Rochelle. Nos prédécesseurs promirent de donner trois mémoires par an, mais ils deman-

(1) Ce mémoire ne fut pas transcrit sur le registre de la Société.

dèrent en même temps une subvention de cinquante
livres par mémoire ou de cinquante écus chaque
année, pour faire imprimer leurs travaux et les
répandre dans les sept cents et quelques paroisses
de la généralité.

Cette demande fut appuyée auprès de M. Bertin,
par M. l'Intendant Rouillé d'Orfeuil, dont la lettre
du 31 août 1763, contient ces mots :

« Elle (la Société d'Agriculture) continue toujours
» à se distinguer par son zèle et son application à
» l'étude de l'agriculture. Ses assemblées se tien-
» nent régulièrement et le résultat en serait fort
» intéressant pour les cultivateurs, s'il était rendu
» public par la voie de l'impression. »

La Société se rendait digne en effet par sa bonne
volonté, autant que par ses travaux, des encouragements du Ministre et des sympathies des populations. Elle tenait ses séances à l'Hôtel-de-Ville où
la municipalité lui fournissait une salle, du bois et
de la lumière. Son Directeur, M. de la Faille, faisait
l'avance des dépenses occasionnées par les publica-
tions de la Société.

M. Bertin accueillit favorablement la demande
de subvention et la recommandation de M. Rouillé
d'Orfeuil. Le successeur de ce dernier, M. de
Morfontaine, fut autorisé à ouvrir à la Société un
crédit de cinq cents livres, et à rembourser à M. de

la Faille un compte de soixante-dix livres deux sols, employés comme suit :

Pour un cachet gravé par le sieur Ganot de Paris.	48 ^{l}	» ^{s}
Pour la poignée et la plaque d'argent.	12	»
Pour un scrutin de fer-blanc.	4	»
Pour une main de papier fort de Hollande	1	12
Pour une demi-livre de cire..	4	10

TOTAL. . . . . . 70 ^{l} 02 ^{s}

L'agriculture était à cette époque condamnée à de fréquents chômages , conséquence forcée du grand nombre de fêtes qui se célébraient dans chaque paroisse. Plusieurs prélats avaient modifié cet état de choses dans leurs diocèses, notamment : Michel, évêque d'Auxerre ; Louis, évêque de Chartres ; le cardinal de Longueville, évêque d'Orléans. Mais le diocèse de la Rochelle avait reculé jusque là dans cette voie d'amélioration.

Il appartenait à la Société d'Agriculture de se faire, en cette circonstance, l'organe des travailleurs. Elle démontra, dans un nouveau mémoire, rédigé par le père Arcère, qu'un des plus puissants moyens d'adoucir la misère chez les cultivateurs, était de réduire le nombre des jours fériés.

Voici , en effet , comment on distribuait , en 1763 , l'année d'un cultivateur :

Dimanches	52
Fêtes chômées	27
Jours de corvée (1).	12
Jours de mauvais temps	20
Jours de maladie (les fièvres étaient très communes)	6
Jours de travail	248

TOTAL 365

Le cultivateur n'avait donc que 248 jours de travail sur 365 , pour subvenir à ses besoins et à ceux de sa famille. Or , 248 jours , à 15 sols par jour , produisaient 186 livres par an.

En regard de cette recette, montant à 186 liv., la dépense se divisait à peu près comme suit :

(1) « Il est étonnant , dit Valin , que le droit de corvées soit si fort répandu dans la province. »

Il y avait les corvées *réelles* et *personnelles*, c'est-à-dire celles dues par la *propriété* et celles dues par le *propriétaire*. Quand le propriétaire mourait et que ses enfants vivaient séparément , chacun de ces derniers devenait débiteur de la *corvée personnelle* toute entière.

Ceux qui exerçaient des arts libéraux, ou *une profession honnête* (je cite toujours Valin) , étaient exempts de la corvée personnelle : — Les agriculteurs n'étaient pas dans ce cas.

Le corvéable se servait de ses outils. S'il les cassait , la perte était pour son compte. De plus, il devait se nourrir et nourrir ses bestiaux.

Taille.	12 liv.	» s.	» d.	186 liv. » s. » d
Loyer de maison	15	»	»	
Bois de chauffage.	15	»	»	
Chandelles de résine.. . . .	4	»	»	
Savon.	3	10 ´	»	
4 paires de sabots.	3	»	»	
Vêtements appréciés neufs 40 liv. et pouvant durer deux ans.	20	»	»	
Petits meubles de ménage qui s'usent ou se cassent.. .	3	10	»	
Raccommodage d'outils. .	4	15	»	
Nourriture, 2 liv. de pain bis par jour, à 1 s. la livre.	36	10	»	
Sardines, oignons et ail, 1 sol par jour.	18	05	»	
Breuvage à 6 d. par jour.	9	»	2	

144 liv. 10 s. 2 d.   144 liv. 10 s. 2 d.

Reliquat pour nourrir et entretenir sa famille. .   41 liv. 09 s. 10 d.

Ces détails, puisés dans le mémoire du Père Arcère, qui les tenait lui-même d'un membre de la Société (1), prouvent suffisamment quel devait être l'état de misère dans lequel vivaient les cultivateurs.

Ils prouvent, en outre, avec quel soin consciencieux l'auteur du mémoire avait étudié la profondeur du mal, et combien il savait allier ses devoirs de religion à ses devoirs non moins grands de charité humaine.

(1) M. Monnier.

Le 4 septembre 1762, M. Bertin avait demandé
à M. Rouillé d'Orfeuil, des renseignements sur les
moyens à employer pour arriver au défrichement
des terres incultes.

La lettre de M. Bertin fut transmise à la Société
d'Agriculture qui, après avoir étudié la question,
en fit l'objet d'un troisième mémoire que j'attri-
buerai encore au père Arcère, parce que je crois
y reconnaître son style et parce que le Secrétaire
perpétuel ne transcrivait guère sur le registre
officiel que les mémoires dont il était l'auteur.

Les conclusions de ce mémoire étaient qu'il fallait défricher; que pour défricher il fallait prendre
plutôt le simple colon que le propriétaire aisé,
parce que le simple colon, n'ayant d'autre ressource
que celle de ses bras, méritait bien plus d'être
soutenu; que le décimateur et le propriétaire d'un
grand fief devaient céder, pour un certain temps,
au colon chargé de défricher, l'un son droit de
champart, l'autre sa dîme; mais que la difficulté
pour opérer des défrichements était de trouver des
bras; que chaque jour la misère faisait émigrer les
ouvriers ruraux vers les villes.

Ce mémoire, où l'on trouve un style constamment clair, correct, quelquefois sublime, se termine
ainsi :

« Tant que nos campagnes seront dépeuplées,

» l'agriculture restera dans un état de langueur ;
» pour la faire réussir, il faut commencer par avoir
» des hommes. Il faut encore que ces hommes
» puissent vivre en travaillant. Trop souvent ils ne
» peuvent, au prix de leurs sueurs, acheter le
» vêtement et la nourriture. Ainsi, la classe des
» citoyens les plus utiles tombe chaque jour et
» s'engloutit dans l'abîme de la misère.

» Que les causes morales fassent donc naître des
» hommes, et qu'elles leur permettent de vivre.
» Alors on verra de nouveaux Triptolèmes, ouvrir
» le sein de la terre et la forcer de produire.
» Lorsque les anciens Celtes pénétrèrent dans ces
» belles contrées qui forment l'empire Français, ils
» ne trouvèrent partout que des forêts immenses.
» Ils n'hésitèrent pas longtemps au travers de ces
» bois. Il fallait subsister. La coignée abattit les
» arbres et la charrue prépara les moissons. La
» nécessité de pourvoir à d'indispensables besoins
» fut l'édit qui ordonna la culture des terres. Cette
» culture s'étendit à mesure que les bras se mul-
» tipliaient. On pouvait vivre en défrichant, on dé-
» frichait pour vivre. Telle fut, telle sera toujours
» la marche des défrichements. La bienfaisance
» du souverain qui abandonne généreusement ses
» droits, les concessions des seigneurs libres et non
» forcées, peuvent bien faciliter cet utile projet.

» Mais il faut du temps, plus d'hommes et surtout
» moins de misère. Un travail infructueux n'est ni
» actif ni long. Il est tout naturel de préférer, à
» des peines stériles , une oisive mendicité. »

Ce mémoire fut remis à l'Intendant , qui le fit
parvenir à M. Bertin.

Vers le même temps (1763), la Société adressait
des lettres d'association à M. Duhamel de Monceau.

. « Les leçons, disait la lettre d'envoi, que vous
» donnez à toute la France , sur la culture des
» terres , méritent bien que le nom de Duhamel
» soit inscrit dans les fastes des Sociétés d'Agricul-
» ture. La nôtre a cru devoir parer les siens d'un
» nom si célèbre..... »

Les mémoires publiés par la Société d'Agriculture de la Rochelle, et envoyés par elle aux autres
Sociétés , lui avaient fait , en moins d'un an , une
très grande réputation. Des lettres de félicitations
lui arrivaient de toutes parts , et particulièrement
de la Société d'Agriculture de Paris, dont le Secrétaire perpétuel était M. Palerne. On lui écrivait de
fort loin pour solliciter le titre de membre associé.
A toutes ces demandes, il y avait une gracieuse
réponse. Ainsi, on écrivait à M. Montaudouin, négociant à Nantes : « La Société qui connaît vos talents
» et surtout votre goût pour le genre d'étude dont

» elle s'occupe, ne peut se refuser au désir de vous
» posséder. » Et le Secrétaire perpétuel ajoutait en
son nom : « Quant à moi, Monsieur, qui suis déjà
» votre confrère en Apollon, j'ai bien de la joye de
» vous voir devenir mon confrère en Cérès et en
» Pomone. Les nouveaux liens qui m'attacheront à
» vous, me seront toujours bien chers. »

Cette réputation, acquise par la Société de la
Rochelle, n'était ni sans périls, ni sans épines.
Chaque jour, on appelait son attention sur une
nouvelle découverte qu'il fallait apprécier, ou sur
une nouvelle charrue dont il fallait faire l'essai. La
passion agronomique, éveillée par M. Bertin, en-
vahissait jusqu'au *Mercure de France*, dont les
abonnés pouvaient lire, entre une énigme et une
charade, d'excellents procédés pour détruire les
charençons.

A propos de charençons, M. de Livenne, correspondant de la Société à Saint-Jean-d'Angély,
avait recueilli un remède infaillible pour les détruire. Ce remède, importé d'Italie par le maréchal
de Senectère, consistait à faire une sorte d'onguent
avec du vif argent, un blanc d'œuf, du vitriol et
du beurre frais, et d'en graisser le grain qu'on
voulait préserver.

M. Duhamel, de son côté, n'avait trouvé rien de
mieux pour arriver à un résultat semblable, que

de mettre le blé au four. Le Ministre inclinait pour le procédé Duhamel, et voulait qu'on se livrât à des expériences. La Société, par l'organe de son Secrétaire perpétuel, répondait que les agriculteurs d'Aunis, manquant de bois pour chauffer leurs fours, avaient recours à un procédé beaucoup plus économique que celui de M. Duhamel : ils vendaient le blé avant l'invasion des charençons.

Puis c'étaient M. Despommiers, M. de Château-vieux, et encore M. Duhamel, inventeurs de nou-velles charrues dont la moindre imperfection était de coûter près de deux cents livres. Il fallait que la Société discutât le mérite de toutes ces inventions chaudement approuvées par le Ministre. Un des agriculteurs les plus zélés à essayer de ces décou-vertes, était M. Mouchard, de la Garde-aux-Valets. Ses expériences servaient de thème à la Société, pour formuler des avis compétents. Mais la Société succombait sous ce flot de découvertes. « L'agri-» culture, disait son Secrétaire perpétuel, est le » métier des pauvres. Il nous faut donc des nou-» veautés faciles et peu coûteuses, sans quoi tous » ces moules à invention ne rendront jamais au » public de service réel. » Certes, ce n'était plus là le style de ce même Secrétaire perpétuel, parlant de Cérès et de Pomone. C'est que les divinités de la fable avaient fait place à des inventeurs de procédés et d'instruments aratoires, et qu'il n'était pas toujours facile de faire comprendre à ces nouveaux Triptolèmes, comme eût dit le révérend père, que leurs brillantes découvertes ne conduisaient à rien.

Ces préoccupations n'avaient pas empêché cependant le père Arcère d'aller passer une partie de l'été de 1763 à l'abbaye de Saint-Michel, d'où il avait envoyé à M. le Contrôleur général des observations pleines d'intérêt sur les marais du bas Poitou. L'air que l'on respirait dans ces marais était tel, qu'on y devenait vieillard à quarante-cinq ans, et que pour trouver un homme de soixante ans, il fallait quelquefois parcourir plusieurs paroisses.

Mais de nouvelles tribulations allaient fondre sur la Société d'Agriculture de la Rochelle, organe naturel et officiel des populations agricoles de l'Aunis.

Notre province, et particulièrement les îles de Ré et d'Oleron, vivaient de la culture de la vigne (1) et de la conversion en eaux-de-vie des vins du pays. Le seul port de la Rochelle avait exporté jusqu'à dix-huit mille pièces d'eaux-de-vie (2) dans une année, ce qui supposait une production

---

(1) Le quartier de vigne était de *sept vingt douze carreaux*.
(*Factum* de M. Roger, curé de Saint-Xandre.)

(2) La pièce d'eau-de-vie contenait cinquante-quatre veltes et la velte était de huit pintes.

considérable dans la généralité. Il fallait cinq, six, sept et quelquefois huit barriques de vin pour faire une barrique d'eau-de-vie. La Saintonge rivalisait avec l'Aunis pour ses produits vinicoles. La Boutonne et la Charente, transportaient constamment ses eaux-de-vie vers les ports de l'Océan.

Ce fut donc une alarme générale quand on apprit que nos colons d'Amérique étaient en instance auprès du Roi, pour obtenir la permission d'introduire en France leurs guildives ou eaux-de-vie de sucre.

Il existait il est vrai, dans les ordonnances de Louis XIV, une déclaration du 24 janvier 1713, qui punissait de trois mille livres d'amende la fabrication des eaux-de-vie de sirops et mélasses ; mais cette déclaration n'atteignait-elle que le fabricant de la métropole, ou bien était-elle applicable tout à la fois à la fabrication indigène et à l'importation ?

Telle fut la question grave que la Société d'Agriculture de la Rochelle entreprit de résoudre favorablement pour la fabrication indigène. Le mémoire publié à cette occasion et envoyé à M. le Contrôleur général, le 15 septembre 1763, se distinguait plutôt par l'harmonie du style que par la force des arguments. A en croire ce mémoire, les pays vinicoles étaient ruinés sans ressource si les eaux-de-vie de sucre pénétraient dans le royaume.

C'étaient presque des imprécations contre les colonies. « Faut-il, disait le mémoire, qu'une branche
» vorace épuise elle seule, aux dépens de toutes
» les autres, le tronc qui lui a donné l'être et qui
» ne lui doit qu'une partie de sa sève. »

« Les eaux-de-vie de sirop et de mélasse, disait
» encore le mémoire, sont d'un usage préjudiciable
» au corps humain. N'avons-nous pas assez de
» maladies en Europe? L'Amérique nous a fait en
» ce genre un présent bien funeste (1); nous
» fournirait-elle encore une liqueur meurtrière,
» trop capable d'éteindre les principes de la vie et
» d'élargir pour nous les portes du tombeau; qu'elle
» achève donc la dépopulation déjà bien avancée
» par les fureurs d'une longue guerre. »

M. le Contrôleur général, qui aimait beaucoup
ses Sociétés d'Agriculture, surtout quand elles se
distinguaient par de sérieux travaux, prit en
grande considération le mémoire de la Société de
la Rochelle.

Je n'oserais affirmer que ce mémoire eut le

(1) Le père Arcère avait raison, l'Amérique nous avait fait un
présent bien funeste. Ce ne fut qu'en 1778, le 21 janvier, qu'une
eau merveilleuse, dont Louis XVI acheta le secret pour le rendre
public, vint apporter un remède efficace à l'importation américaine.
Les inventeurs de cette panacée, MM. Quertau et Audoucest, la
vendaient quinze sous l'once. Pour satisfaire aux demandes réité-
rées de la ville de la Rochelle, ils en avaient fait un dépôt chez
le sieur Darbellet, marchand, en face du Palais.

même succès auprès de Turgot, alors Intendant de Limoges, à qui le père Arcère en fit l'envoi en compagnie de quelques autres mémoires rédigés par lui.

Mais revenons à notre Société. L'impulsion donnée aux idées agricoles, produisait chaque jour de nouveaux chefs-d'œuvres, et chaque jour la Société de la Rochelle était appelée à donner de nouveaux avis. Le père Arcère, écrivant le 30 octobre 1763, à M. Verrier, Secrétaire de la Société de Tours, s'en plaignait amèrement : « Nous sommes, disait-il, » inondés d'ouvrages sur l'économie rustique. On » se répète, on imagine, on veut donner dans le » neuf, et trop souvent on donne dans le faux. »

La grande question du jour était la guerre contre les charençons. J'ai déjà dit quelles recettes étaient préconisées comme devant les détruire d'une manière infaillible. Turgot, en réponse à l'envoi des mémoires que lui avait adressé le père Arcère, demandait une copie de la lettre écrite par la Société à M. Bertin, sur cette question. Le Secrétaire perpétuel se hâtait d'envoyer à Turgot le document demandé par celui-ci et il y joignait une nouvelle recette composée par M. Bernelay, curé de Lalcigne. Cette recette, toutefois, inspirait au père Arcère les réflexions que voici : « Ce qui me » fait quelque peine dans la recette du curé, c'est

» qu'il y fait entrer de l'eau de chaux. Les atômes
» calcaires, déposés sur le grain, sont un agent
» bien vif, bien pénétrant, puisqu'ils font périr
» l'insecte niché dans le grain même, s'il est bien
» vrai qu'ils le fassent périr. Dès lors, ces parties
» ne seraient-elles pas dangereuses pour les vis-
» cères et surtout pour le velouté de l'estomac. »

En cette année 1763, M. de Laverdi succéda à
M. Bertin, comme Contrôleur général des Finances.
La Société de la Rochelle s'empressa de féliciter le
nouveau Ministre. « Nous apprenons, lui disait-elle,
» que le Roi vient de confier à vos soins la partie
» du ministère la plus importante et la plus épi-
» neuse. Nous ne vous en féliciterons pas, mais
» nous en faisons compliment à l'État. »

Cela dit, il fallait revenir aux charençons, que
le curé de Solomé, près de Saumur, avait, lui aussi,
trouvé le moyen de détruire. « Les charençons,
» disait ce curé, sont des insectes qui ne vivent
» que d'air et qui dévorent les grains. »

Des hommes plus sérieux s'occupaient de confectionner des semoirs. De ce nombre étaient M.
Fontane, inspecteur des manufactures à Niort, et
quelques membres de la Société d'Agriculture de
la Rochelle. Dans les premiers jours de 1764, M.
Fontane avait envoyé un modèle de semoir à notre

Société qui, en retour, lui avait expédié des lettres
de correspondant.

Ici, je dois suspendre mon rôle d'historien pour
transcrire littéralement un mémoire de la Société,
ayant pour titre :

« Réponse de la Société d'Agriculture de la gé-
» néralité de la Rochelle , ou préciś des différents
» objets sur lesquels on demande des éclaircisse-
» ments et des instructions pour parvenir à former
» un tableau de la culture et de l'industrie de la
» province. »

Ce mémoire , adressé à M. Rouillé d'Orfeuil, le
9 avril 1764 , pour être transmis au nouveau
Contrôleur général, était ainsi conçu :

«Les objets des questions proposées à la Société,
réunissent toutes les branches de l'agriculture et de
l'industrie. Dans cette carrière on ne peut marcher
qu'à pas lents. Les expériences sont les seuls guides ;
et le succès des expériences est toujours un fruit
bien tardif qu'on ne doit attendre que de la longueur du temps, et le temps ne se supplée point
par l'intelligence et par l'application.

» La Société ne peut donc offrir présentement
que l'esquisse du tableau rural et économique de la
province. Les éclaircissements, sans percer le sujet

3

dans toute sa profondeur, seront précis et exacts et les détails succints, mais vrais.

PREMIER ARTICLE DIVISÉ EN SEPT QUESTIONS.

PREMIÈRE QUESTION. — *Nature des terres cultes et incultes.*

» On divise les terres de l'Aunis en terres basses et hautes. Les premières forment cette vaste étendue qui longe la province au Midi et au Nord , et qu'on nomme le Marais. Une grande partie de ce terrain était autrefois du domaine de la mer, l'autre partie disparaissait sous les eaux stagnantes. L'industrie a forcé la nature et l'a fait sortir du sein des eaux. Mais elle n'a pu remédier à tout. Ce terrain, dans les années pluvieuses, est inondé et l'eau ne s'écoule que bien lentement. Le volume en est quelquefois si considérable , que le parfait écoulement est toujours trop tardif.

» Les terres du marais sont fortes, grasses, argileuses et compactes , avec un mélange de sédiment marin , surtout dans les parties que la mer couvrait autrefois.

» Les terres hautes sont légères , pierreuses , graveleuses et recouvertes de quatre à six pouces de terre végétale. On donne à cette espèce de terre le nom de grois. Les deux tiers de nos terres hautes sont cultivées. Le reste est abandonné. On trouve la source de cette perte, trop réelle, dans le peu d'aisance du propriétaire qui ne saurait faire des avances pour remettre un champ en valeur. D'autre part, la dépopulation écarte tout projet de défrichement. Le cultivateur est si pauvre que son travail ne va jamais au pair du nécessaire physique et des charges. Tout pays qui ne peut nourrir des hommes est un désert ou le deviendra. C'est un premier principe en matière de science économique.

DEUXIÈME QUESTION. — *Procédés de la culture ou assolement d'une métairie.*

» Une métairie est formée d'un certain nombre de journaux. Nous entendons par journal une aire de cent perches. La longueur de la perche est de dix-huit pieds. Ainsi, le journal est de neuf cents toises carrées, et se réduit à l'arpent, mesure connue.

» Soit donné pour exemple une métairie de cent-vingt journaux. On en destine quinze pour les prairies; le reste se divise pour la culture de la manière suivante : vingt journaux en froment ; vingt en orge ou méture ; vingt en avoine ; vingt qu'on laisse reposer. Enfin, vingt journaux qu'on met en guérets.

» Il y a, dans ces opérations, un arrangement

et une succession d'ordre. Les vingt journaux semés en froment, en 1764, seront semés en orge l'année suivante; et en 1766, on leur donnera de l'avoine à produire. On ne fume ordinairement que la partie semée en froment. Après la troisième récolte, avoine, on laisse le terrain sans labour ni culture. Il se reposera donc en 1767; toutefois, il sert de pacage aux bestiaux, ce qui s'appelle dans la province être en pâtis. Après cette année de repos, le même terrain est mis en guérets et semé en froment au temps de la couvraille.

» Dans l'exemple proposé ci-dessus, il reste encore cinq journaux qui ne paraissent pas faire partie de l'exploitation, c'est qu'ils sont destinés à l'emplacement du manoir, des granges, étables, toits, vergers, aire, parc, avenues. Une métairie telle que nous la supposons, est de deux charrues attelées chacune de quatre bœufs, quelquefois de six, selon que les terres sont plus ou moins fortes. Il faut donc au moins huit bœufs pour les travaux. On peut y nourrir deux vaches pour fruger, c'est-à-dire pour faire des veaux. Ces veaux remplacent les vieux bœufs destinés à la boucherie, après dix ans de service. A l'âge de trois ans, les veaux sont mis au joug; mais ce n'est qu'un essai pour ces animaux; ils ne commencent à travailler utilement que dans la quatrième année.

» En supposant que les vaches produisent tous les ans, ce qui est rare, outre les huit bœufs et les deux vaches, il y aura sur la métairie deux veaux de l'année, deux d'un an, deux de deux ans et deux de trois ans. Ces deux derniers commencent à fortifier l'attelage des charrues. Total : dix-huit bêtes à cornes. On peut avoir encore un troupeau de soixante à quatre-vingts brebis et une jument poulinière.

TROISIÈME QUESTION. — *Production des terres.*

» Le marais donne du grain en abondance, des légumes et surtout des fèves, denrée d'un grand débit autrefois pour nos armements de Guinée. Ce pays donne encore en foin d'immenses récoltes.

» On trouve encore aux environs du marais, paroisses de Charron et de Marans, une plante négligée qui pourrait peut-être devenir, dans la suite, un objet de commerce, la soude vulgairement nommée bourde. Elle entre dans la composition du verre et du savon, on l'emploie dans les lessives. Un négociant français, qui a longtemps vécu en Espagne, où il faisait entrer dans son trafic la soude d'Alicante, a fait des expériences sur la soude de notre province. En 1755, il en fit calciner une certaine quantité qu'il envoya à M. le Contrôleur général. Il résulta de son expérience, comme il l'a attesté à l'historiographe de notre province, que notre soude n'est pas inférieure à celle d'Espagne. La culture de cette plante pourrait s'étendre avec d'autant plus de facilité, qu'elle croît naturellement en certains cantons de l'Aulnis. Il faudrait pour cela un encouragement et la même exemption que Sa Majesté a accordée pour les cultivateurs de la garence.

» Cette dernière plante qui, selon M. Duhamel, aime les terres humides, argileuses et un peu salées, réussirait au voisinage du marais. M. Guetard, de l'Académie des Sciences, en a découvert de très-belles racines auprès de la Tranche, vis-à-vis de l'Ile-de-Ré, mais le grand inconvénient est qu'on ne pourrait jouir du fruit de ses travaux qu'au bout de dix-huit mois. Le malheur des temps ne permet pas aux propriétaires de soutenir un si long délai. Les besoins du moment présent sont préférés à des profits certains mais trop reculés. La misère et le progrès de l'agriculture n'iront jamais ensemble, ce sont des choses inconciliables.

» Un autre genre de production que nous fournit la lisière maritime du marais, c'est la misotte, espèce de foin qui vient naturellement sur les marais, c'est-à-dire sur ces terrains que la mer abandonne, mais qu'elle couvre de temps en temps, surtout aux grandes marées. C'est là que les bêtes à laine paissent la misotte. Cette plante foisonne sur les relais tant qu'ils sont fréquemment abreuvés des eaux de la mer, mais quand elle ne les lave que rarement et faiblement, ce qui arrive quand elle se retire pour ne plus revenir, alors la misotte dispa-raît, et l'on voit croître à sa place le paillasso ou pourpier marin. Les bêtes à laine ne paissent cette dernière plante qu'en hiver, lorsque les gelées lui ont fait perdre les sucs amers dont elle abonde. Au paillasso succède le misotis, très bon paturage aussi bien que la misotte. Ce misotis est une mi-sotte dégénérée et si petite qu'on ne saurait la faucher. Mais on fauche la misotte et l'on en fait d'assez bonnes récoltes à Villedoux.

» Il se fait, dans nos marais salans, une prodi-gieuse quantité de sel. C'est principalement aux insulaires de l'Ile-de-Ré que la mer fait présent de cette belle production. On ne s'étendra pas da-vantage sur cette matière qui vient d'être savam-ment traitée par M. Du Ménil, notre confrère. L'ouvrage sera imprimé incessamment, et dès qu'il sera sorti de la presse, on aura soin de l'envoyer.

» Nos terres hautes ne présentent que deux sortes de production, le blé et le vin, car on ne doit pas faire entrer en ligne de compte quelques prairies artificielles, des légumes et du lin en très petite quantité. On sème du froment, de la baillarge, de l'orge et des avoines. Les terres sont réputées

bonnes, quand elles donnent six pour un. Le bénéfice va un peu au-delà quand on n'épargne ni
l'engrais ni les soins. Nos récoltes ne sont pas bien
abondantes. Les pluies qui manquent souvent en
avril, mai et juin, laissent la plante dans un état
de langueur, et la terre ne rend guère en moisson
que ce que lui a donné la main du laboureur. Le
blé, pour l'approvisionnement de la ville, vient
principalement du Poitou, on le fait descendre sur
la Sèvre-Niortaise jusqu'à Marans. De là, il est voi-
turé soit par terre soit par mer.

» La vigne est la grande production de nos
terres hautes ; elles ne sont guère propres qu'à ce
genre de culture. Il paraît, par un relevé de compte
mentionnant les récoltes de quatre années consé-
cutives, qu'on y a recueilli par an deux cent dix-
huit mille barriques de vin. Les vignobles se divi-
sent par quartier. La circonscription du quartier
n'est pas bien déterminée, elle a plus ou moins de
superficie relativement aux divers cantons. Toutefois on compte ordinairement cinq mille ceps dans
un quartier, espacés trois pieds six pouces ou
quatre pieds.

» La vigne se plante sans beaucoup d'apprêt. On
perce la banche avec une aiguille de fer, et l'on
insère le cep dans l'ouverture. La vigne ne com-
mence à répondre aux soins du cultivateur que dans

la sixième année ; ce qu'elle donne avant ce terme
est d'une bien mince valeur.

» Le vin blanc domine dans l'Aulnis. Cette production serait d'une assez grande ressource , si le
produit n'en était très-affaibli par les façons de
culture, par les frais de vendange, et surtout par
les droits. Un calcul sur cet objet est bien de remarque. Le quartier produit, année commune,
huit barriques de vin, lesquelles, à raison de 10 l.
13 s. 4 d. par barrique, donnent 85 l. 6 s. 8 d. de
bénéfice. Il faut pour la taille et les labours 36 liv.;
pour frais de vendange 18 liv.; pour huit barriques
8 liv.; pour les rentes , droits seigneuriaux et cu-
riaux 2 liv., total : 67 liv. (1) — Pour l'entretien du
manoir, cellier, pressoir, cuves, fossés , hayes, 60
liv., sur une borderie de vingt quartiers, ce qui
fait, par quartier, 3 liv. — Il ne reste donc au
propriétaire, de 85 l. 6 s. 8 d. de produit, que 18
l. 6 s. 8 d. — Les droits des courtiers jaugeurs et
inspecteurs aux boissons , lesquels varient selon la
différence des paroisses , montent l'un dans l'autre , par barrique de vin, à 1 liv. Ainsi un quartier
de vigne, dont le produit est de huit barriques de
vin et qui ne donne au propriétaire, les frais prélevés, que 18 l. 6 s. 8 d., paie pour les droits

(1) Je reprendrai ce calcul plus loin.

8 liv., c'est-à-dire 48 pour °/₀, ou environ, et par conséquent près de la moitié du revenu net.

» Le vin rouge est de deux sortes , le chauché et le balzac. Le premier a du corps et du feu ; le second est d'un rouge plus foncé. C'est un vin plat et sans force , mais qui donne en quantité ce qu'il perd en qualité.

» *Procédés de la culture de la vigne.* — En novembre et décembre , première façon nommée entrivernaille. En janvier et février la taille. En avril seconde façon, *fousiaille.* En mai troisième façon , binaille. En juin et juillet quatrième façon , rebinaille. Le travail se discontinue durant les grandes chaleurs. Vendanges en septembre et en octobre. On n'échalasse pas les vignes ; le bois est trop rare, et par une suite nécessaire trop cher.

» *Eaux-de-vie.* — Nos vins blancs se convertissent en eau-de-vie. Tout ce qui ne peut se consommer en boisson passe par la chaudière. On ne donnera pas ici un détail de la manipulation concernant la fabrication des eaux-de-vie. On en trouvera un ample mémoire dans le *Dictionnaire Encyclopédique* , volume 5. On doit cette curieuse description à M. Decomps , rochellois , ancien curé de Laleu.

» Nos eaux-de-vie, qui passent pour les meilleures de l'Europe, à l'exception toutefois de celles de Cognac en Saintonge , s'exportent en Picardie, en Flandre et en Hollande. On en a embarqué au port de la Rochelle , en certaines années , dix-huit mille pièces. Il faut cinq, six, sept et huit barriques de vin , selon les saisons plus ou moins favorables, pour faire une barrique d'eau-de-vie , et la pièce en contient plus de deux (1). Il a donc fallu, pour la fabrication des eaux-de-vie , deux cent à deux cent quarante mille barriques de vin.

QUATRIÈME QUESTION. — *Les Engrais.*

» On trouvera ci-joint un mémoire de M. Lafaille , notre confrère , concernant les moyens de multiplier aisément les fumiers dans le pays d'Aulnis. Ce mémoire nous servira de réponse.

CINQUIÈME QUESTION. — *Les Prairies.*

» Nous avons satisfait ci-dessus à cette demande en parlant des terres basses et hautes.

SIXIÈME QUESTION. — *Les Bestiaux.*

» On élève dans l'intérieur de la province bien peu de bœufs, moutons et chevaux. Ce commerce

(1) Certains détails de cette nature seront répétés quelquefois dans le cours de ce travail. J'ai préféré ces redites à l'inconvénient de scinder des mémoires , dont le mérite ne saurait être contesté.

économique est réservé à notre marais. M. le Contrôleur général nous fit l'honneur, l'année dernière,
de nous adresser un imprimé de onze pages contenant des questions sur les différentes espèces de
bêtes à laine et sur le moyen de les élever. Nous
répondîmes à ces questions relativement aux cantons qui nous étaient connus, et nous priâmes des
cultivateurs éclairés de nous mettre au fait de ce qui
se pratiquait à cet égard dans les lieux de leur rési-
dence. Le Secrétaire de la compagnie adressa à M. le
Contrôleur général neuf à dix de ces notices répon-
dues par différentes personnes. C'est dans le dépôt
de ce ministère qu'on pourra consulter ces mémoires instructifs dont nous n'avons pas gardé de
copie.

» Tout ce qu'on ajoutera ici, c'est que le marais
situé au nord de la Rochelle , élève de nombreux
troupeaux de bœufs d'une belle espèce. On en
fournit la boucherie de notre ville , et l'on en vend
encore aux foires de Fontenay–le–Comte , où se
rendent les marchands de Paris.

» Les brebis de ce canton , si elles paissent sur
les relais, ne sont pas sujettes à la vérole. On estime
qu'elles boivent en été quatre pintes d'eau par jour,
le pâturage salé excitant la soif. Les brebis par-
quent presque toute l'année. Ces parcs sont de
grands carrés composés de clayes mobiles qui se

transportent de proche en proche. Le lit du berger
se pose sur une petite cariole à deux roues et
couverte d'une espèce de dôme.

septième question. — *Les Bois.*

» Le pays d'Aulnis était boisé autrefois. La coignée a presque tout abattu. Les chantiers de la
marine militaire de Rochefort et de la marine com-
merçante de la Rochelle, le chauffage d'une grande
ville , les chaudières pour la fabrication des eaux-
de-vie , les vignobles , tout a concouru à la ruine
de nos futayes. La forêt de Benon est extrêmement dégradée. On y aperçoit de toutes parts de
vastes clairières.

» L'ormeau , le noyer, le peuplier , l'érable , le
chesne , le saule , le fresne viennent dans le pays
d'Aulnis. Le fresne surtout y foisonne dans les
parties basses et humides. Les gaules de cet arbre,
coupées de cinq en cinq ans , donnent de gros
fagots pour les fours , et le tronc , qu'on nomme
cosse et qu'on arrache à la vingt-cinquième ou
trentième année , fournit à la ville une partie du
chauffage. Le reste de l'approvisionnement vient
de Saintonge par mer.

» Les platanes de Virginie et les peupliers d'I-
talie, qu'on a introduit dans la province depuis deux
ans , sont de belle espérance. On les multipliera

promptement par le moyen des boutures, et nous aurons ainsi une nouvelle espèce fort utile.

PREMIÈRE CLASSE. — *Matières premières.*

» Le lin, le chanvre, la navette, les noix sont ici de si minces objets qu'on ne s'en aperçoit pas. Le safran y est inconnu. Mais M. Weiss, négociant et notre confrère, en a fait, depuis deux ans, un essai qu'il est dans la résolution de suivre. Il paraît que nos terres, du moins celles où il a tenté cet essai, sont aussi propres à la culture de cette plante que les terres du Gatinois et le l'Angoumoïs, s'il en faut juger par le parfum et par la vivacité de couleur du safran que M. Weiss a recueilli. Si cette culture était soignée, elle serait d'une grande importance.

» On doit mettre au nombre des matières premières le sucre brut et terré que nos vaisseaux apportent des îles et qui se travaille et façonne dans nos raffineries.

» Les laines des moutons du marais sont d'une bonne qualité; elles sont lavées et dégraissées hors de la province. Ce qui contribue à la bonté de ces laines c'est l'éducation sauvage de ces animaux qui n'entrent jamais dans les étables, comme on l'a dit ci-dessus, à moins que la neige et les inondations ne les forcent d'abandonner les pacages.

<small>DEUXIÈME CLASSE.</small> — *Lait.* — *Beurre.*

» Le lait , au voisinage de la Rochelle et à une lieue à la ronde, se consomme tous les jours dans la ville. Au loin on en fait du fromage et du beurre. Le fromage est blanc , d'une médiocre qualité, et n'est pas de garde. Il s'en consomme beaucoup dans les grandes métairies. Le beurre n'est pas suffisant pour la provision annuelle. L'Irlande y supplée et achève de remplir nos besoins à cet égard.

» On brûle le poil des cochons sitôt qu'ils ont été saignés. Le Périgord et le Limousin nous en envoient de nombreux troupeaux pour les salaisons de notre marine.

» On n'écorche pas les chevaux. Ils sont traînés tout simplement à la voirie. Les cornes des bœufs et des moutons sont transportées en Normandie pour y recevoir les diverses formes que l'industrie leur donne.

» L'éducation des mouches à miel est négligée. Aussi avons-nous très peu de cire. La bougie nous vient du Mans. Nous tirons d'Irlande le suif pour la fabrication de la chandelle ; le nôtre n'est pas suffisant pour la consommation.

TROISIÈME CLASSE. — *Ouvrages d'art.* —
Manufactures. — *Mines.*

» Nous recevons des tuiles de Bordeaux et de
Saintonge, aussi bien que la poterie grossière.
Rouen nous fournit une grande partie de la faïence
usuelle, et la ville de Hambourg le cuivre qu'on
travaille ici en chaudronnerie.

» On emploie pour la bâtisse le sable du pont
de la Pierre, sur le bord de la mer. Ce sable
contient des molécules salines. Aussi les maçons
préfèrent-ils celui qui a servi de lest aux navires
hollandais.

» Notre pierre de banche fait de très-bonne
chaux. Mais la rareté du bois ne permet pas d'en
faire beaucoup. On nous en transporte par mer.

» Nous avons à un quart de lieue de la ville une
amidonnerie. L'amidon en est beau et d'une bonne
qualité ; à Lafond, faubourg de la Rochelle, une
verrerie tout récemment établie et dont la construction n'est pas achevée ; dans la ville, une
fayencerie dont les ouvrages ont de l'élégance dans
les formes et dans les contours ; dix raffineries,
établissements anciens, bien montés, et qui font
une branche de commerce très étendue. On estime
que nos raffineries peuvent annuellement raffiner

un million et demi pesant de sucre en pain qu'on importe en Flandre et dans l'intérieur du royaume.

» Nous ne connaissons ni carrières de pierres meulières, ni mines métalliques. La Société n'a pas eu assez de loisir pour se livrer à ces laborieuses recherches. Il faut parcourir les campagnes, attendre les saisons favorables aux opérations, et surtout être muni d'instruments nécessaires, tels que des sondes ou grandes tarières, et c'est ce qui nous manque.

» S'il en faut juger par certaines indications, il y a des mines dans le pays. Le temps nous dévoilera ces trésors. Vers le monastère des Minimes M. La Faille a trouvé des grès fort durs, chargés de particules de plomb et de cuivre.

» Depuis la digue jusqu'au village de Lhoumeau, il se présente des minéraux cuivreux et ferrugineux ou par morceaux, ou mêlés avec du moëllon et des cailloux.

» A Laleu, pareilles matières unies à une terre rouge.

» A Marcilly, on trouve, en creusant le terrain, des morceaux de cuivre qui semblent indiquer une abondante mine de ce métal.

» A Nantilly, près de Marcilly, des minéraux de fer et de cuivre.

4

» Au Treuil-Chartier , quantité de pyrites (1)
martiales. Il y en a du poids de 3 livres.

» Au marais de Voutron , des minéraux de fer
et de cuivre mêlés avec la pierre.

» A Lafond , minéraux de fer et de plomb dans
les couches de banche.

» A l'abbaye de la Grâce-de-Dieu , des concré-
tions métalliques.

» A la Repentie, sur la côte, des pierres chargées
de veines sulphureuses et d'autres de charbon de
terre. On se propose d'en faire des essais , mais il
faut du temps. La nature ne se livre pas , elle se
donne, mais elle demande un équivalent préalable,
des soins et du travail.

4ᵉ CLASSE. — Histoire Naturelle.

» Quant à l'histoire naturelle, on peut consulter,
pour les fossiles , l'ouvrage de M. d'Argenoise , in-
titulé Oryctologie. On y trouvera un détail fourni
par M. La Faille , notre confrère. Nos côtes sont
fertiles en coquillages, tels que les lepas, les cœurs,
les laminés , les buccins , les couteliers , les pho-
lades , les huîtres et les moules. Ce dernier genre
de testacés qui s'attachent aux bouchaux , espèce

(1) Combinaison naturelle de sulfure et d'un métal quelconque
et plus spécialement du fer.

de parc que la mer couvre deux fois par jour, sont d'un très-grand rapport, surtout pour la paroisse de Charon. On y vient de fort loin en acheter. On peut consulter encore sur les moules, un mémoire de M. Dupaty, inséré dans le recueil de l'Académie de la Rochelle. Paris, Thiboust, 1752.

» Nos huîtres de Nieul sont aussi renommées que nos moules. Il y en a de deux sortes : les premières sont élevées dans des parcs ou enceintes ; les secondes forment dans la mer une espèce de banc, fortement adhérentes les unes aux autres. Ces huîtres ne sont pas estimées. On les appelle huîtres de drague, parce qu'on les détache du banc avec un instrument de fer nommé drague.

» On ramasse, sur la côte de Lozières, un petit buccin connu par le vulgaire sous le nom de burgau morchou. Dans l'intérieur de ce coquillage est un suc rempli d'une liqueur d'un rouge foncé, laquelle a une sorte de rapport avec la pourpre des anciens. Les habitants de Lozières en marquent le linge.

» Les glands de mer sont ici de trois espèces. La petite et la moyenne sont fort communes. Ces glands s'attachent particulièrement aux huîtres de banc et aux moules. Ceux de la dernière espèce sont très grands et fort beaux.

» On ne voit les dentales que sur la plage d'Angoulins. Ce sont de légers et petits tuyaux tant

soit peu courbés, de 15 lignes ou environ de longueur, sur 2 à 3 lignes d'épaisseur, toujours mutilés
dans la partie la plus faible de leur pointe.

» Le règne végétal nous donne quelques simples,
tels sont :

» *Atriplex maritima angustifolia*, plante blan-
châtre dont les grappes tirent un peu sur le jaune.
Bauhin, qui en a fait mention, nous apprend qu'on
la lui envoya de la Rochelle. Cette plante se trouve
sur la côte et principalement sur les levées des
marais salants et des marais desséchés.

» La clandestine (1), sur le bord du marais de
Mouille-Pied et dans le bois de Candé.

» L'absynthe, dont l'Aunis et la Saintonge sont
comme la patrie. Aussi, Pline le naturaliste, Dios-
coride, Columelle et le poète Martial, donnent-ils à
ce simple le nom de *Santonicum*. Il croît même
dans les chemins les plus battus. Il y a une absynthe
de la petite espèce, vulgairement sanguenite, mot
corrompu de *Santonicum*.

» Le liseron rochelais, *Convolvulus minor, argen-
teus, repens, rupellensis, flore rubro,* on le trouve à
la Digue et au Plomb.

» *Chamœlea,* vulgairement sain bois, d'une ou de
de deux coudées. Le liber de cet arbuste fait une

(1) La clandestine à fleurs droites a, dit-on, la propriété de
rendre fécondes les femmes stériles.

sorte de brûlure sur la peau, aussi s'en sert-on pour ouvrir un cautère. On trouve le *chamœlea* dans la garenne de Châtelaillon et aux alentours de Fouras.

» *Elychrisum seu Stœchas angustifolia,* petite immortelle jaune à feuille étroite. Elle croît en l'île de Ré. Poupard, médecin rochelais au 16e siècle, donne à cette plante le nom de *bluteau.*

5e CLASSE. — *Prix des choses.*

» On ne saurait assigner de prix absolu. La valeur des choses est versatile et relative aux occurences. Nous ne devons faire connaître que le prix ordinaire ou le produit résultant du produit de 10 années et réparti sur chaque année. Le tonneau de vin blanc ou 4 barriques de 32 veltes, la velte équivalant à 8 pintes de Paris, vaut 30 livres pris sur les lieux.

» Le tonneau de vin rouge Balzac, rendu en ville, de 72 à 80 livres.

» Le tonneau de vin rouge Chauché, rendu en ville, de 120 à 130 livres. La futaille se rend au vendeur.

» Un boisseau de froment se vend 3 livres, le boisseau rochelais pesant 50 livres.

» Un boisseau d'orge 1 livre 10 sous. Un boisseau

d'avoine , 1 livre. Un boisseau de seigle , 2 livres.
Cette sorte de grain n'est pas commune dans la
province.

» Deux façons de labourage coûtent par journal
ou 900 toises carrées , de 15 à 16 livres auprès de
la ville ; 12 livres dans l'intérieur de la province.

» Trois labours à bras pour les vignes coûtent
par quartier , près de la ville, 24 livres , et 7 livres
de plus pour une quatrième façon que tous les
propriétaires ne donnent pas.

» La cueillette des fruits aux vendanges, 12 livres
par tonneau ou 4 barriques.

» La valeur d'un pré artificiel varie depuis 5
jusqu'à 10 livres le journal.

» Le journal d'un pré à bourrée, 2 livres.—On
donne le nom de pré à bourrée à des pacages situés dans des fonds humides et qui ne produisent
qu'une plante aigre et sans suc nourricier. On ne
les fauche qu'en août et septembre. C'est un assez
mauvais pâturage.

» Le cultivateur journalier gagne 15 sous par
jour aux entours de la ville , et 12 sous plus loin.
On excepte toutefois le temps des vendanges. Les
journées sont alors plus fortes.

» Un bœuf pris sur les lieux , paroisses de Villedoux , Andilly , Voutron, Ciré, Breuil de Magné,
180 à 200 livres.

» Veau de 7 à 8 semaines, pris sur les lieux, 30 à 36 livres en hiver ; 20 à 24 livres en été.

» Mouton de la grande espèce, dans les paroisses de Marans et Charon, 8 à 10 livres. — Mouton de Grois, des terres hautes, 6 à 7 livres.

» Cochon rendu en ville, 25 à 30 livres le quintal. »

Les détails vraiment intéressants que renferme ce mémoire ne pouvaient être analysés sans perdre de leur valeur. J'ai pensé vous être agréable en conservant à la Société le texte d'un travail si consciencieusement élaboré.

A la suite de ce mémoire reparaissent les sollicitudes de la Société, au sujet de l'invention des semoirs.

Le semoir de M. Fontane avait inspiré à M. de la Garde l'idée d'une conception semblable. Mais au lieu de procéder par essai, M. de la Garde avait du premier coup fait confectionner une machine d'un gros volume qui fonctionna aussitôt. M. Fontane, n'en pouvant obtenir de modèle, par le motif qu'il n'en existait pas, vint à la Rochelle pour la voir.

M. de Boisbedeuil, subdélégué de l'intendant de Limoges à Angoulême, avait envoyé à la Société

de la Rochelle , une certaine quantité de riz de
Bengale. Ce riz fut semé , mais sans succès.

Dans une de ses lettres à M. de Boisbedeuil, le
père Arcère passe en revue les travaux dont nous
avons déjà parlé. Il se plaint de la négligence de
quelques correspondants de la Société dont le zèle,
dit-il , est un feu follet qui paraît et s'éteint. Il revient sur la culture du safran, que deux ans d'essais
avantageux paraissent devoir faire adopter. Les
platanes et les peupliers d'Italie , envoyés de Bourgogne à raison de 24 sols la pièce , continuent de
réussir. MM. Seignette et du Paty ont planté des
boutures de platane horizontalement , comme des
cannes à sucre , et ont obtenu un plein succès. (1)
Mais les pommes de terre récoltées dans l'Aunis
sont si *terrestres* , si *pesantes* , si *insipides* , que le
père Arcère prie M. de Boisbedeuil de lui en envoyer de l'Angoumois. En résumé , l'agriculture
languit faute d'argent et faute de bras.

Le 15 juillet 1764 , la Société produisit un mémoire sur les maladies des bêtes à corne et des bêtes
à laine. Ce mémoire, dû aux recherches de M. Ber-
nezai, curé de Laleigne, correspondant de la société,
avait spécialement pour objet de résoudre les questions suivantes :

(1) Les premiers platanes furent apportés en France en 1750.

1° Quelles sont les maladies épidémiques ou contagieuses dans la généralité?

2° Y a-t-il des maladies endémiques ou particulières au bétail de tel canton?

3° Y a-t-il quelque maladie particulière à un individu, à tel animal et non au troupeau?

« La compagnie ne répètera pas ici, dit le Mé-
» moire, ce qui se trouve dans les livres. Nous
» nous bornerons à un simple exposé concernant
» les maladies des bestiaux dans la généralité. On
» n'oubliera ni les noms locaux, ni les méthodes en
» usage dans la province. »

Après avoir ainsi indiqué son plan, l'auteur du mémoire ajoute : « Les maladies des bestiaux
» peuvent se réduire à trois classes : maladies
» *épidémiques*, *endémiques* et *accidentelles*. »

Commençant par les maladies *épidémiques*, il cite les suivantes : 1° une maladie terrible appelée le *Danger*, que l'on observe dans les cantons situés au midi de l'Aunis. Un bœuf est attelé ou paît dans la prairie, sans donner aucun signe de maladie. Tout-à-coup il tombe et meurt ; il enfle comme s'il avait été soufflé. Pour préserver les bêtes à corne du *Danger*, on est dans l'usage de mettre un bouc dans leur étable. La Société de Tours ne croit pas à l'efficacité de ce préservatif, et l'auteur du mémoire est bien près de partager cette opinion.

2° Une autre maladie appelée la *Vilaine* , qui a beaucoup d'affinité avec le Danger, règne dans le marais ou grand dessèchement au-delà de la Sèvre. Ce qui distingue la *Vilaine* du *Danger*, c'est que celui-ci frappe et tue subitement, tandis que la *Vilaine* temporise assez pour laisser à l'homme le temps de la combattre. *Le corps de l'animal, atteint de cette maladie, est extrêmement tendu.* L'enflure est générale mais plus marquée en certaines parties. La bête qui se soutient à peine sur un pied ou sur l'autre semble indiquer le siège du mal. Les moyens curatifs sont : une pelle rougie au feu que l'on promène à la distance d'un ou d'un demi pouce vis-à-vis la partie affligée , quelques paquets de chanvre que l'on fait bouillir dans de l'eau de cendre, que l'on enveloppe ensuite dans un grand morceau de toile et que l'on applique tout aussitôt sur les reins de l'animal. Si ces moyens sont insuffisants on emploie un breuvage composé d'une pinte de bon vin , d'une once et demie de thériaque de Venise, de deux noix muscades et de six clous de girofle, le tout préalablement pilé. Dès que le bœuf malade a avalé cette potion, on l'enveloppe dans une couverture , on lui fait une litière abondante et fraîche, et la transpiration vient enlever le mal.

Rambault, prieur de l'abbaye de Saint-Michel en l'Herm , employait avec succès pour combattre la

Vilaine, un cataplasme composé de bouillon-blanc, et de son de froment bouilli dans du vin.

3° En 1749, un mal contagieux et pestilentiel qu'on ne connaissait pas fit les plus grands ravages sur les troupeaux de la généralité. On remarquait à l'ouverture du cadavre d'une bête, qu'elle avait les entrailles gangrenées et le sang décomposé. Dans plusieurs parties du corps étaient sorties des tumeurs ou boutons dégénérés en charbon.

Tel fut le remède le plus efficace pour arrêter les progrès du mal :

On prenait un morceau de racine d'ellébore qu'on réduisait à la grosseur et à la forme d'une bonne aiguille et qu'on insérait dans une ouverture pratiquée au fanon du bœuf. On appelait cette opération *pointer.* On y préparait l'animal par une diète de deux heures au moins ; ensuite on lui faisait prendre de l'orviétan, du poids d'une fève, et autant de thériaque. Ces drogues délayées dans une pinte de bon vin avec deux têtes d'ail écrasées, formaient une potion que l'on faisait avaler à la bête malade : on la laissait ainsi 3 heures sans manger. Il survenait une transpiration sensible qui dégageait le sang et une partie du venin. L'insertion de l'ellébore occasionnait ordinairement une tumeur considérable à la partie pointue du fanon. La guérison s'annonçait par ce diagnostic ; mais s'il ne paraissait pas de tumeur la mort était certaine.

Quand la tumeur était formée on la frottait durant 15 jours avec de l'huile de laurier et de la graisse douce ; on entretenait ainsi la suppuration. On employait une fois la saignée et l'on frottait aussi les narrines et le derrière des oreilles avec du vinaigre.

Pendant que cette maladie sévissait on distribua dans le public un imprimé prescrivant une méthode curative qui consistait à ouvrir les boutons et à presser la peau pour en faire sortir les matières purulentes, mais cette méthode, dit l'auteur du mémoire, n'eut pas le succès de la première.

4° Une autre maladie épidémique avait paru trois fois dans quarante années. Sa dernière apparition avait eu lieu en 1763. Elle s'était manifestée d'abord dans le Limousin et l'Angoumois, puis enfin dans l'Aunis. « C'étaient de petites vessies qui se for-
» maient à la langue et du milieu desquelles il
» sortait, suivant l'opinion vulgaire, des poils que
» les gens sensés attribuèrent avec plus de vraisem-
» blance à une cause plus naturelle, c'est-à-dire
» à la salive de l'animal qui entraînait en se séchant
» les poils de la peau et les agglutinait à la langue. »

Ce mal était combattu par des fumigations dans les étables. On se servait pour les fumigations d'assafœtida, de camphre, d'ail pilé et de genièvre.

Il n'existait pas de maladie *endémique* dans la province.

Les maladies *accidentelles* étaient :

1º L'étranguillon ou *tact* que l'on connaissait en touchant la gorge de l'animal. C'était une enflure ou adhérence des glandes placées au fond du gosier. On enfonçait la main dans la gueule de l'animal, on séparait ces glandes, on les frottait avec de l'huile de laurier et du beurre frais, le tout mêlé ensemble et battu à froid. A défaut de ces drogues, on avait recours à la graisse douce. On répétait cette opération soir et matin pendant trois ou quatre jours, on lavait la bouche de la bête avec un mélange de sel et de vinaigre. Quand les glandes étaient trop adhérentes on y portait le feu, on les ouvrait, et on pratiquait une saignée sous la langue ou à la veine du col. On tenait chaudement la tête de l'animal sous une couverture.

2º Le *vor* qui sévissait très fréquemment sur les bœufs et leur paralysait le train de derrière. L'animal ainsi perclus broutait comme de coutume, mais il s'affaiblissait peu à peu et finissait par une mort lente. Le seul remède en usage consistait à appliquer sur les reins de l'animal la peau d'une brebis fraîchement tuée, mais la plupart du temps ces soins restaient sans succès.

3º La vérole ou picotte qui s'attachait aux bêtes

à laine. Dans cette maladie on laissait assez ordinairement agir la nature. On avait remarqué que les
brebis qui paissaient sur les relais de la mer étaient
exemptes de ce mal, d'où l'on concluait qu'il serait
utile de donner aux bêtes à laine, du sel à manger,
usage pratiqué en Provence. Malheureusement le sel
était trop cher.

4° La gale qui dépeuplait les troupeaux et que
l'on traitait avec un onguent composé de poudre à
canon et de graisse douce. Dans les paroisses de
Saint-Michel, Triaise et aux alentours, on frottait
une bête galeuse avec de vieille saumure, et on
frottait fortement par-dessus une tuile qui raclait la
peau jusqu'au sang.

Le ministre réclamait souvent les avis de la Société d'agriculture et celle-ci répondait exactement
à toutes ses demandes. Les mémoires de nos prédécesseurs étaient généralement goûtés, mais le gouvernement restait sourd quand on sollicitait quelques
fonds pour faire imprimer les travaux les plus utiles.

La Société ne pouvait pas même obtenir, sans
payer des droits énormes, quelques boisseaux de sel
pour faire des expériences.

Pourtant le semoir de M. de la Garde, éclos sous
l'active impulsion de la Société, faisait des merveilles.
« Ce semoir, disait le père Arcère, est plus simple
» et infiniment moins couteux que ceux qui ont

» paru jusqu'à présent. Un cheval fait aller rapi-
» dement cette machine, et la semence tombe dans
» le sillon avec autant de régularité que si elle y
» était déposée grain à grain par la main du labou-
» reur. Les pierres, les mottes, pourvu qu'elles ne
» soient ni des blocs, ni des masses, ne sauraient
» retarder sa marche.

On était alors au 25 juillet 1764. La société cherchait par tous les moyens des engrais naturels ou
artificiels. La chaux, dans certains terrains, avait
donné d'excellents résultats. La marne (1) dont on
aurait voulu faire l'expérience manquait complète-
ment, et le sel, je l'ai déjà dit, était trop cher.

Les essais sur le safran avaient néanmoins réalisé
toutes les espérances de la Société, et le colza
rapportait 192 boisseaux pour un (2), mais les
défrichements restaient stationnaires faute de bras.

Chaque jour voyait diminuer la population de
nos campagnes. Le père Arcère écrivait à M. Bertin :
« Dans nos hameaux, dans nos villages, sans s'é-
» loigner trop de la capitale, qu'y voit-on? Des
» maisons logeables et non louées, des maisons qui
» menacent ruine, des débris et des monceaux.
» Nous ne pouvons nous empêcher de dire en jetant

(1) Je parlerai plus loin du mémoire sur la marne.

(2) L'année suivante, un huitième de boisseau de graine de
Colza, semé dans un journal de terre, rapporta 48 boisseaux.

» les yeux sur cette solitude : là vivaient autrefois
» des hommes, que sont-ils devenus ? » Et revenant
sur son mémoire où il avait détaillé les recettes et
les dépenses du cultivateur, il ajoutait : « Il faut
» que le journalier se prive du nécessaire, qu'il ne
» vive qu'à demi, que son misérable vêtement ne
» soit guère que l'équivalent de sa nudité. Pour
» défendre son existence contre le malheur qui
» l'assiège, il est souvent forcé de recourir à des
» rapines furtives, d'emprunter et d'être insolvable.
» Si les collecteurs se présentent, nouvel accable-
» ment pour lui. Il n'a pas même la consolation
» d'inspirer de la pitié. — Telle est la cause de la
» dépopulation de l'Aunis. De là une désertion trop
» commune de la part des uns, la mort prématu-
» rée des autres, le peu de fécondité des mères,
» l'indifférence du mari pour les droits de l'hymen,
» des enfants mal conformés, dont la constitution
» débile soutient mal les fatigues et l'âpreté des
» travaux champêtres, des infirmités habituelles
» occasionnées par des aliments d'une mauvaise
» qualité, la faiblesse du corps qui ne prend qu'une
» demi-nourriture. Ainsi l'espèce humaine dépérit
» dans nos campagnes et s'engloutit sourdement
» comme dans un abîme. »

En présence de ce tableau si navrant et si vrai,
si éloquemment et si honnêtement tracé, vous com-

prendrez facilement, messieurs, combien d'efforts il avait fallu à nos prédécesseurs pour faire faire à l'agriculture de l'Aunis, un progrès incontestable.

C'est que la Société ne reculait devant aucun obstacle. Le 11 septembre 1764, elle demandait un secours au ministre pour acheter des tarières à l'effet d'aller dans les campagnes, sonder et comparer les terres. On ne demandait que des instruments, on se chargeait des autres frais.

M. de Palerne, secrétaire de la Société de Paris, qui tenait notre Société en grande estime, s'était adressé au Père Arcère pour avoir des renseignements sur quelques usages relatifs au glanage et au brandonnement.

Le Père Arcère lui répondait le 15 septembre 1764 :

« J'ai parcouru notre coutume et je n'y ai rien trouvé qui ait trait aux objets mentionnés dans votre lettre. Maître Vallin, dernier commentateur de notre coutume, m'a assuré qu'il ne s'y trouvait rien de relatif à l'agriculture.

« Dans un réglement dressé par le présidial, le 15 novembre 1605, il y a une disposition bien sage :

« Il est encore inhibé et défendu de remener les » bêtes dans les champs, prés et bois et autres do-

» maines, quoi qu'ils ne soient emblayés, fossoyés,
» ne fermez, après qu'ils auront été brandonnés et
» marqués, selon la forme observée au présent
» pays et gouvernement pour l'usage particulier des
» propriétaires sur peine d'amende de soixante sols
» un denier pour la première fois, du double pour
» la seconde, et pour la tierce foi dommages, dépens
» et intérêts des propriétaires, capture et rétentions
» des bêtes en la même forme que dessus. »

« Actuellement on ne brandonne plus les champs
après la moisson. Mais le propriétaire qui est bien
aise de conserver le chaume qu'on a laissé en mois-
sonnant, fait donner quelques coups de pioche aux
quatre coins de la pièce. C'est un signe qui avertit
que le champ est en défense et qu'on ne peut y laisser
entrer les bestiaux sans encourir l'amende. »

Au commencement de janvier 1765, la Société
obtint enfin pour ses besoins et ses expériences,
une allocation de 500 livres.

Ces encouragements quoique rares, auraient sti-
mulé le zèle de la Société, si le fisc n'eut repris d'une
main ce qu'on le forçait d'abandonner de l'autre.
Ainsi, par exemple, un habitant de La Rochelle,
M. Brevet, depuis membre de la Société, avait fait
participer la Société à l'honneur d'une découverte
qui consistait à faire manœuvrer une charrue sans

le secours des bœufs. Il appelait cet instrument : charrue à cabestan. Mais à peine avait il fait une expérience de cette charrue dans ses champs et dans ses vignes, qu'on le couchait aussitôt sur le rôle de la taille. La Société réclama. M. Le Pelletier de Mortfontaine intervint et rendit une ordonnance en faveur de M. Brevet, tout fut inutile. On opposa à M. Brevet un défaut de procédure : il n'avait pas fait signifier juridiquement son ordonnance aux collecteurs ; il fut condamné à payer et il paya la taille d'exploitation.

Ce fait nous prouve, Messieurs, que si dès cette époque l'agriculture progressait, l'esprit de fiscalité ne restait pas en arrière.

Selon son habitude, la Société protestait, mais vainement. « Il serait singulier, disait le Père Arcère, que des épreuves que nous sommes chargés de faire par état, nous devinssent nuisibles. Il faudrait presque des récompenses, et l'on veut infliger des peines. »

Nos prédécesseurs disaient vrai, et pourtant nous en sommes encore réduits quelquefois à penser et à parler comme eux.

Le 12 avril 1765, la Société adressa à M. Bertin, un mémoire sur les marais salants. Ce mémoire, qu'il nous semble avoir parcouru dans les archives du département, ne fut point transcrit sur le registre de la Société. Nous n'en parlerons donc que pour en faire mention.

Un autre mémoire suivit de près le mémoire sur les marais salants. La Société s'occupait cette fois de la production et du commerce de la graine de lin dont la récolte pour les provinces d'Aunis, de Saintonge et de Poitou s'élevait à peine à 5 ou 600 tonneaux par an. Cette graine était d'ordinaire vendue aux Hollandais, qui la transportaient dans leur pays, la convertissaient en huile, et rapportaient cette huile chez nous où ils la débitaient à des prix élevés. La Société faisait ressortir avec force tous les inconvénients d'un pareil état de choses. Pourquoi vendre aux Hollandais? Pourquoi payer à ceux-ci tous les bénéfices commerciaux nécessaires à leur entreprise? Pourquoi payer le fret de deux voyages inutiles? Pourquoi ne pas fabriquer de l'huile dans la province même, sans frais extraordinaires et sans déplacement? Pourquoi?... Parce que les moulins à huile étaient soumis chez nous au régime qui pèse encore sur nos distilleries; parce qu'il fallait faire des déclarations préalables aux bureaux des fermes; parce qu'il fallait essuyer l'exercice établi; parce qu'il fallait subir cette espèce d'inquisition qui force un citoyen à ouvrir les portes de sa maison, à toute heure et sous tous les prétextes, aux agents quelquefois trop zélés du fisc.

« Il faudrait, disait la Société, multiplier les moulins pour nous mettre en état de gagner nous mêmes ce que le Hollandais gagne sur nous. Nous connaissons des négociants et des propriétaires aisés, très disposés à former ces sortes d'établissements qui propageraient bien vîte la culture en question. Mais les causes morales se présentent de front et les arrêtent. Ils ne voient devant eux que gêne et que contrainte. »

La Société n'en aurait pas fini, s'il lui avait fallu attaquer tous les impôts trop lourds. Pourtant, elle ne reculait pas dans cette voie, et après avoir parlé des impôts qui frappaient les moulins à huile, elle arrivait à l'arrêt du conseil du 18 septembre 1763, qui avait augmenté les droits sur les charbons étrangers, et par suite, produit une hausse considérable sur les charbons de France. Le charbon jouait un grand rôle dans notre industrie locale. Il était employé dans presque toutes les distilleries et notamment dans celles de l'île de Ré, qui brûlaient année commune cent mille barriques de vin. La verrerie de Lafon qui était en pleine activité, mais dont les chances de succès avaient été calculées avant l'élévation des droits sur les charbons étrangers, voyait

son existence subordonnée au prix du combustible.
Le bois enchérissait tous les jours, bien qu'il eut fait
plus que doubler de prix depuis vingt ans. La Société réclamait donc en faveur des distilleries et en
faveur de la verrerie de Lafon, contre l'arrêt de
1763. La verrerie surtout, ne pouvait résister à ce
surcroît de dépense, et la ruine de cet établissement
qui nourrissait vingt-deux familles, sans compter
les habitants du littoral qui tout en se livrant à leurs
travaux pouvaient gagner à calciner du sart environ
90 livres par famille et par an, était à peu près
certaine.

Quelques promesses vinrent calmer les craintes
de la Société et, en même temps, les craintes de la
province, mais dans cet état de choses tout était à
redouter, et ce fut avec une véritable épouvante
qu'on apprit la demande des provinces de Bretagne
et de Normandie pour l'exportation libre de leurs
eaux-de-vies de cidre et de poiré.

Le mémoire adressé, à cette occasion, par la Société, à M. de Laverdy, contrôleur général, avait
peut-être moins de valeur par le fonds que par la
forme, mais on y trouvait cette vérité de tous les
temps dans notre malheureux pays d'Aunis, c'est que
l'on y cultivait la vigne forcément, et par cet im-
périeux motif qu'il était impossible d'y cultiver autre
chose.

La Société redoutait pour l'île de Ré , peuplée de 17 à 18,000 habitans , une ruine presque totale. Elle rappelait le sort de l'île d'Aix, ruinée aussi mais 25 ans plus tôt, parce que le fisc, adversaire aussi puissant que la concurrence, avait jugé que des vins et une île de Saintonge , étaient étrangers à cette province.

Ce mémoire terminé , une question d'une toute autre nature fut posée à nos prédécesseurs. Le secrétaire perpétuel de la Société d'agriculture de Clermont, leur demandait pourquoi les fromages d'Auvergne se vendaient et s'exportaient bien moins que les fromages de Hollande.

La Société de La Rochelle fit à la Société de Clermont une réponse en trois points, réponse fort polie comme toutes ses réponses, et dont voici la substance: les fromages d'Auvergne se débitent mal 1° parce qu'ils sont trop gros et par suite trop chers; 2° parce qu'ils sont ordinairement malpropres, travaillés avec peu de soin , et qu'on y trouve souvent des poils (le Père Arcère ajoute : *ce qui dégoûte);* 3° et parce qu'ils ne se conservent pas.

Cette réponse qui porte la date du 25 août 1765, constate qu'il entrait alors, chaque année, dans le port de La Rochelle, 250,000 livres pesant de fromage de Hollande.

On a déjà dit, Messieurs, que bien des idées nouvelles d'aujourd'hui, étaient presque de vieilles idées du temps de nos aïeux. En voici une nouvelle preuve : (1)

Le ministre avait consulté notre Société sur le moyen d'établir dans les campagnes *des peuplades de bâtards*. Nos ancêtres parlaient le langage de leur époque. Nous qui avons suivi les progrès du siècle, nous avons inventé *les colonies d'enfants trouvés*. Or, la sollicitude du ministre n'était pas inopportune. Les administrateurs de l'hôpital manquaient d'argent, l'agriculture manquait de bras, il ne fallait que bien s'entendre. Notre Société toujours prête à seconder les vues qui lui paraissaient utiles, fit des démarches auprès de divers métayers. Ceux-ci voulurent bien se charger de quelques élèves, mais ils demandaient une subvention annuelle de 40 livres, par chaque enfant. Cette somme était assurément bien modeste si l'on considère l'état d'indigence dans lequel vivaient nos agriculteurs, mais

(1) En 1777, un sieur Paris débitait déjà à la Rochelle la véritable *pommade d'ours* pour faire épaissir les cheveux.

Un sieur Bignon, chimiste de la faculté de Montpellier, logé chez M. Delage, maître tailleur, rue des Maîtresses, avait composé une pommade bien plus remarquable encore, car, au dire de l'inventeur, cette pommade pouvait faire pousser des cheveux jusque sur la main. Il produisait des certificats de plusieurs seigneurs qui s'étaient contentés de s'en faire pousser sur la tête et de la couleur qu'il leur avait plu.

elle paraîtra énorme si l'on se rappelle que l'hospice n'avait pas d'argent.

La Société entreprit de surmonter cet obstacle. Elle demanda aux métayers s'ils ne prendraient pas des enfants à la seule condition de trouver un adoucissement dans l'exercice de la taille. Les métayers acceptèrent, et le ministre en fut informé par dépêche du 3 septembre 1765, mais là encore se trouva le fisc, et le fisc, lui, n'accepta pas.

Je regrette, Messieurs, de retrouver si souvent le fisc sous ma plume, mais je n'ai pas fini d'énumérer toutes les tribulations qu'il suscita à nos devanciers.

En cette même année 1765, un mécanicien offrit de construire aux portes de la Rochelle, un moulin à eau qui moudrait une partie des grains nécessaires à la subsistance de la ville et dans lequel on travaillerait, avec plus de soin, les farines destinées à l'exportation.

Les farines consommées à la Rochelle étaient tirées de Marans. La route de Marans à la Rochelle n'était pas, tant s'en faut, ce qu'elle est aujourd'hui. Couverte d'eau dans une étendue de plus d'une demilieue et pendant 4 ou 5 mois de l'année, elle offrait à chaque pas des obstacles et des dangers. Il ne se passait pas une année sans qu'un ou plusieurs accidents ne vinssent effrayer les voyageurs. Des bêtes de somme, des chargements de marchandises étaient engloutis par les eaux ou jetés dans des précipices.

Il y avait donc utilité incontestable pour la consommation et pour le commerce, à obtenir des farines par des moyens plus sûrs et moins dispendieux.

Le moulin projeté était ainsi décrit par le Père Arcère :

« Cette machine qui doit jouer au moyen des eaux de l'Océan, présente deux grands obstacles à vaincre. Il s'agit de faire mouvoir 7 ou 8 meules à la fois et entretenir une sorte de mouvement perpétuel malgré les variations alternatives du flux et du reflux, et même dans ce temps de repos où l'on voit les eaux immobiles et comme suspendues. Ces difficultés ne sont point vaincues. L'ouvrage n'est qu'ébauché. Il n'y a que deux meules qui soient montées. On ne voit que des naissances de hangars et de magasins, et cette continuité de mouvement qui fait le point capital, n'est pas encore réalisée. On a déjà dépensé 40,000 livres en excavations de bassins, de canaux, et en madriers pour appuyer des terres sans consistance et qui ne forment guère qu'un amas de cailloutage sans liaison. »

Ce moulin qui allait peut-être donner naissance à une nouvelle et féconde industrie dans le pays, méritait par la hardiesse, je dirai presque par la témé-

rité de son entreprise, d'être accueilli avec indulgence et encouragement.

Il n'était pas terminé, il ne fonctionnait pas encore
d'une manière utile, quelques boisseaux de blé
seulement avaient été convertis en farine, à titre
d'essai, cette expérience donnait non pas des résultats mais tout simplement de l'espoir; eh bien, on
s'empressa de tarifer l'expectative des entrepre-
neurs : on les soumit à la taille d'exploitation.

La Société d'agriculture réclama, supplia, pro-
testa; elle ne put rien obtenir.

Puis revenaient les doléances accoutumées et trop
légitimes sur la dépopulation des campagnes. L'Aunis manquait de bras, la Saintonge manquait de bras,
la Champagne, écrivait-on de Châlons, manquait
de bras, toutes les contrées agricoles enfin manquaient de bras.

Le fisc multiplié sous toutes les formes, était
partout, s'attaquait à tout et tarissait toutes les
sources de vie.

Un de nos correspondants, M. Guillory, dans sa
notice sur le marquis de Turbilly, publiée en 1849,
nous apprend que le noble marquis ne s'élevait pas
avec moins de force que notre Société contre les
abus du temps.

« Les chasses réservées au plaisir du roi, disait

» M. de Turbilly, sont trop étendues ; elles absor-
» bent surtout, autour de la capitale, des terres qui
» seraient précieuses à l'agriculture : il faut les res-
» treindre et supprimer les capitaineries où le roi
» ne va jamais. Le peuple acceptera d'en rembour-
» ser les charges. » Le marquis se plaint avec une
amertume bien légitime que la moitié du sol en
France soit laissé sans culture. Il demande pour
l'agriculture, non-seulement une liberté bien enten-
due, mais encore une protection spéciale, des encouragements efficaces et l'abolition des charges
qui l'arrêtent dans son essor. La mendicité doit
disparaître, il en a montré le moyen, et l'oisiveté
doit être détruite. L'émigration vers les villes tend
à dépeupler les campagnes ; il veut que l'on conserve
à l'agriculture les forces vives qui cherchent à l'abandonner. Il faut également faire rester vers les campagnes les capitaux qui tendent à se porter ailleurs.
Le taux de l'argent est plus élevé en France que
dans d'autres pays ; il demande qu'on l'abaisse en
donnant le plus de facilités possibles pour la mise
en valeur des terrains incultes. D'une autre part, la
répartition des tailles est mauvaise, et le moyen de
l'améliorer est d'établir des cadastres, aussi nécessaires dans les paroisses que les papiers terriers dans
les seigneuries. Les exemptions et les privilèges sont
trop facilement accordés aux habitans des villes ; les

cultivateurs en sont accablés; et de plus, mille droits féodaux et charges de toutes sortes viennent arrêter et paralyser leurs efforts ou leur bon vouloir. Veulent-ils enclore leurs champs : la loi ne tolère les clôtures qu'en les regardant comme un privilège qu'elle frappe d'un droit énorme. Cherchent-ils à écouler leurs produits : la circulation n'est pas libre, et des barrières trop resserrées viennent bientôt les entraver. Les droits seigneuriaux sont mal définis; les impôts n'ont rien de fixe, et les édits qui les concernent forment un chaos dans lequel on se perd. Les anoblissements à prix d'argent sont trop faciles; plusieurs ne coutent que 25 ou 30,000 livres et rapportent d'avantage par les privilèges qu'ils confèrent; le gibier que la loi protège, ravage et anéantit les récoltes; les baux sont trop courts; les bestiaux trop rares; les fêtes trop multipliées, et leur nombre est tel qu'il entraîne l'oisiveté des campagnes pendant un tiers de l'année. Tant d'abus, tant d'obstacles veulent être détruits, tant de besoins satisfaits. La richesse du pays est dans le sol; il faut l'en faire sortir.

Ainsi s'exprimait, au dire de son historien, il y aura bientôt un siècle, M. Louis François Henri de Menon, marquis de Turbilly, membre des Sociétés d'agriculture de Paris, de Tours et de Soissons, membre ordinaire de la Société économique de

Berne et de la Société royale de Londres, dans son *Mémoire sur les défrichements*.

Certes, il fallait pour pouvoir parler de la sorte, s'appuyer sur les 74 ou 75 quartiers de noblesse du marquis de Turbilly, et compter parmi les alliés de sa famille, les La Tremouille, les Rohan, les Condé, etc. Ces rudes plaintes ne faisaient pourtant pas plus d'effet que celles de notre Société. Les impôts résistaient à tout, les tailles n'en étaient pas mieux réparties, la circulation des produits n'en était pas moins entravée, grevée et sacrifiée, et sort étrange, mais trop peu rare chez les hommes de ce caractère, le marquis de Turbilly se ruinait!

Dans les premiers mois de l'année 1766, la Société d'agriculture de La Rochelle, patrona et publia l'avis suivant :

« Avis aux riverains de la généralité de la Rochelle au sujet de la calcination du sart, goëmon ou varech.

« On propose aux habitants des paroisses situées sur le bord de la mer, de faire calciner du sart. Cette opération sera pour eux aussi facile que lucrative; elle ne prendra rien sur les travaux ordinaires. Le vigneron, sa journée finie, ramassera du sart peu à peu. Ses enfants, malgré l'état de faiblesse où les tient le premier âge, en feront de petits

pelotons, ainsi que les enfants le font en Normandie.
Les femmes mêmes s'y emploieront dans ces mo-
ments de loisir que leur laissent les soins du ménage.
Quand on aura fait un amas suffisant, on procédera
à la calcination qui n'exige ni dépenses, ni difficultés
à vaincre. Deux jours pris sur le total du travail
annuel suffiront à cette opération. » .

Le procédé pour la calcination était ainsi indiqué :

« On ouvrira une fosse de quatre pieds en tous
sens. Il en faudra battre le fond et les côtés pour les
affermir, et empêcher par ce moyen les terres de
s'ébouler et de se mêler avec les matières qui se
calcinent. On placera sur l'ouverture de la fosse
quelques barreaux de vieille ferraille , pour servir
de grille et d'appui au sart amoncelé par-dessus.
Ensuite , on y mettra un feu qui ne doit être qu'un
feu étouffé et sans flammes. On nourrira le monceau
en y jetant successivement de nouvelles matières.
A mesure qu'il se formera une masse dans le creux
du fourneau, on ne doit pas manquer de la remuer
souvent, afin que les parties de la cendre divisée se
mêlent avec la calcination et ne fassent pas un corps
séparé. Lorsqu'on verra le creux presque rempli
jusqu'à la grille on éteindra le feu.

« La manière d'enlever cette masse durcie est bien
simple, on ouvre l'un des côtés de la fosse, et l'on en
détache avec une pince ou tel autre instrument de

fer, des quartiers de la grosseur d'une pierre ordinaire. On en ramasse aussi la poussière et les petits
morceaux. »

En admettant qu'un homme, une femme et un
enfant voulussent utiliser leur temps perdu à calciner
du sart, on évaluait le produit de leur travail à
deux tonneaux de sart calciné chaque année, ce qui,
à raison de 60 livres par tonneau, donnait un bénéfice annuel de 120 livres.

Au mois de mai de la même année (1766), la Société fut appelée à donner son avis sur un mémoire
adressé par un anonyme à M. l'Intendant Dupleix,
au sujet de l'amendement des terres par les sels
noirs.

L'auteur de ce mémoire n'aspirait point à l'honneur
d'avoir inventé l'emploi du sel en agriculture. Mais
il avait le secret espoir d'introduire, à la faveur de
sa proposition, les droits de gabelle et les formalités
du code des fermes dans la province, jusque-là
exempte de ces charges. Peut-être même espérait-
il obtenir un privilège exclusif pour la vente et la
distribution des sels noirs.

Notre Société découvrit promptement le piège
tendu par l'auteur anonyme. Après avoir combattu
vertement la proposition et les rigueurs de la gabelle, elle ajoutait :

« Les employés introduiront une inquisition générale. Comme l'on pourrait receler du sel pour
l'employer à d'autres usages qu'à l'agriculture , ils
pourront demander de faire ouverture de tous les
lieux d'une maison, cabinet et armoires. Tous seront
sujets à cette dure servitude. Les honnêtes gens
même seront exposés à essuyer toute l'insolence qui
fait le caractère des hommes de cette espèce, car il
faudra bien plier sous le joug du nouveau réglement.

» Les employés procéderont aux visites, perqui-
sitions et vérifications sans qu'il leur soit besoin
d'aucun aide ni secours de justice. Peut-on proposer
rien de si odieux ! Le paysan qui ne sait ni lire ni
écrire sera donc à la merci d'un ou deux employés
qui par esprit de cupidité pourront bien dresser un
faux procès-verbal. *Les exemples n'en sont pas
rares.* Des hommes chargés par état de faire la
guerre à leurs concitoyens , des hommes qui ne
vivent que des contraventions d'autrui, ne sont que
trop tentés d'en supposer. »

Que pensez-vous, Messieurs, des prévisions et des
craintes de nos prédécesseurs?

Le 21 décembre 1767 , la Société adressa au
ministre, des réponses très-circonstanciées sur diverses questions relatives aux eaux-de-vies.

6

Permettez-moi, Messieurs, de parcourir sommairement ce consciencieux travail.

1ʳᵉ QUESTION. — Quelle est la qualité et l'espèce de vin qu'on convertit en eau-de-vie avec le plus de profit?

RÉPONSE. — Le vin blanc donne plus d'eau-de-vie que le rouge. Il produit une liqueur douce et agréable. L'eau-de-vie de vin rouge est plus *âcre* et plus *mordicante*.

2ᵐᵉ QUESTION. — Quelles sont les différentes façons de brûler le vin?

RÉPONSE. — On ne procède pas d'une manière uniforme. Les uns se servent de bois, les autres de charbon de terre. La rareté du bois à fait recourir au charbon. L'Ile-de-Ré emploie du charbon d'Angleterre. Les mines de Bretagne produisaient du charbon à un prix modéré, mais on a voulu faire de la *protection nationale*. Les charbons anglais se sont retirés, et les charbons de Bretagne ont tellement élevé leurs prix qu'il a fallu y renoncer. Les charbons de Bretagne valent à peine en qualité le tiers des charbons anglais. Par suite, nos eaux-de-vies coûtent trop cher à fabriquer pour être vendues sans perte. L'Espagne et le Portugal vendent à meilleur marché que nous.

3ᵐᵉ QUESTION. — L'eau-de-vie est-elle susceptible d'un grand nombre de degrés de force, assez sensibles pour être distingués aisément?

RÉPONSE. — L'eau-de-vie comme les liqueurs fortes a plus ou moins d'activité et de vigueur. Le goût en décide, mais comme la sensation du goût varie chez les individus et souvent chez le même individu, on doit en conclure que le degré de force dans l'eau-de-vie n'est rien d'absolu ; ce n'est qu'un simple rapport de l'action de la liqueur avec la sensibilité de l'organe. Ce plus ou moins de sensibilité nous fait bien sentir la différence d'une liqueur à une autre ou de la même liqueur comparée avec elle-même ; mais on ne peut par ce moyen, apprécier au juste cette différence, puis qu'on ne la juge que par la dégustation, règle presque toujours variable.

4me QUESTION. — La force de l'eau-de-vie dépend-elle de la façon de la faire? Le climat, la saison, le chaud, le froid peuvent-ils y influer?

RÉPONSE. — On doit mettre la manipulation au nombre des causes qui donnent à l'eau-de-vie une bonne ou mauvaise qualité. Le feu est-il violent, les esprits trop exaltés s'échappent et la partie aqueuse domine. Le feu manque-t-il d'activité, ces esprits se dégagent avec peine, ou restent emprisonnés dans le flegme. Si l'on n'a pas soin de rafraîchir souvent la serpentine, la liqueur contracte une âcreté qui rebute.

5me Question. — Quels sont les moyens dont les commerçants et les brûleurs d'eau-de-vie se servent pour en connaître précisément la force et la qualité ? Ces moyens ne sont-ils pas défectueux ? Ne s'en plaint-on pas ? Sont-ils admis en justice lorsqu'il y a des contestations ?

Réponse. — Il est plusieurs moyens qui servent à connaître le degré de force et la qualité de l'eau-de-vie, tous moyens bien éloignés de la précision que l'on demande. Ils ne donnent que des approximations et jamais la réalité de la chose. La décision du goût, comme nous l'avons dit, n'est pas sûre.

En Allemagne on verse de l'eau-de-vie dans un verre. La force et la durée de l'ébullition ou de l'écume sert d'indication. On emploie en France la preuve et le pèse-liqueur. La preuve usitée à la Rochelle est une petite fiole où l'on insère de l'eau-de-vie. On secoue, on agite cette fiole. Les esprits qui s'élèvent avec plus ou moins de célérité, déterminent le degré de force dont on veut s'assurer. Mais de combien de variations n'est pas susceptible la secousse de la fiole ? Une main exercée à ce manège peut donner un degré de force apparent et qui n'existe pas dans la pièce.

Le pèse-liqueur peut bien faire connaître les

divers degrés de pesanteur, mais il ne nous apprendra jamais le juste rapport, la vraie proportion
des divers degrés de pesanteur avec les divers
degrés de force. De deux eaux-de-vie également pesantes, l'une peut avoir plus de force
que l'autre. Les esprits de la première étant plus
vifs, plus âcres, auront plus d'intensité quoi qu'en
moindre quantité que les esprits plus atténués de
la seconde. Par la même raison, une eau-de-vie
plus pesante peut avoir plus de force qu'une eau-
de-vie moins pesante. La même eau-de-vie varie
dans sa pesanteur en hiver et en été.

Quoique nous n'ayons rien de bien précis par
rapport à la connaissance de la qualité de l'eau-de-
vie, il s'élève bien rarement des contestations à
cet égard. L'arrêt du conseil de 1753 porte que
l'eau-de-vie sera coupée au quart pour être mar-
chande, c'est-à-dire que sur vingt pintes d'esprits
forts, on ne doit laisser que cinq pintes de seconde
ou d'esprits faibles. Des agréeurs jurés à la Rochelle, des courtiers Royaux à Bordeaux en font
la preuve. S'il y avait contrariété d'avis, on aurait
recours à l'eau-de-vie coupée au quart, que l'on
fabrique tous les ans, à la Saint-Martin (11 novembre), en présence du juge de la police, et qui
reste déposée au greffe pour servir de comparai-
son. Les négociants de la Rochelle ayant adopté

cet arrangement , il n'en résulte ni plainte ni lésion.

6ᵐᵉ Question. — Connaîtrait-on un moyen de fixer avec la plus grande précision le degré de force de l'eau-de-vie, de manière que dans les magasins on pût connaître promptement et facilement la qualité de l'eau-de-vie ?

Réponse. — Nous n'avons aucune règle certaine qui nous apprenne à fixer les divers degrés de force dont l'eau-de-vie est susceptible. Les moyens connus sont défectueux. Attendons que des génies créateurs nous en donnent de plus parfaits....

7ᵐᵉ Question. — Dans le cas où le moyen qu'on pourrait découvrir ne donnerait pas le degré d'influence que le chaud et le froid ont sur l'eau-de-vie, ne pourrait-on pas trouver la manière de calculer cette influence , afin de connaître plus exactement la force intrinsèque de l'eau-de-vie ?

Réponse. — Dans le cas où les moyens qu'on pourrait découvrir ne donneraient pas ce degré d'influence , il serait impossible de trouver une manière de la calculer. En effet, pour calculer cette influence, il faut au préalable en connaître les degrés. Le calcul de cette influence ne peut être que la conséquence des degrés déjà connus; et si ces degrés ne sont pas connus, il n'y a pas d'échelle pour servir de base au calcul....

8ᵐᵉ Question. — Quelle est la proportion qu'il y

a entre les degrés de force de l'eau-de-vie et le prix de cette liqueur? Par exemple, en supposant que la meilleure eau-de-vie valut trois livres la velte, combien vaudrait la même quantité d'eau-de-vie moins forte d'un degré, de deux, de trois , successivement jusqu'à la plus faible ?

RÉPONSE. — Nous avons établi ci-dessus que les degrés de force ne peuvent-être fixés, n'étant eux-mêmes ni déterminés ni fixes et l'eau-de-vie n'é-tant jamais intrinsèquement la même. On ne peut donc marquer une proportion entre les degrés. A la Rochelle nous ne connaissons pas de différence entre les eaux-de-vies marchandes pouvu qu'elles aient été fabriquées en conformité de l'Édit de 1753.

J'ai transcrit fort longuement vous le voyez , Messieurs , les questions et les réponses , parce qu'il y a dans ces réponses des renseignements historiques dignes d'être conservés. Mais c'est avec peine qu'on lit dans ce travail des phrases comme celle-ci: « La juste appréciation des degrès de force de l'eau-de-vie est une énigme dont on ne saura jamais le mot. » Les progrès de la science ont tellement diminué et diminuent tellement cha-que jour le nombre de ces sortes d'énigmes, qu'on ne peut se défendre d'un certain étonnement , en voyant un homme de l'intelligence du père Arcère, fixer ainsi la limite des connaissances humaines.

Une question s'agitait à cette époque (mars 1767) : Il s'agissait de défricher les communaux.

Notre société qui, à l'instar de beaucoup d'autres, avait dit son mot en faveur des défrichements , trouva cette fois qu'on allait trop loin.

« On doit , disait-elle, tourner ses vues sur les
» terres vagues et vaines , voilà le vrai objet de
» l'extension de la culture. Nous voyons avec dou-
» leur dans notre province et ailleurs de vastes et
» de trop vastes campagnes totalement aban-
» données. Il faudrait donc de deux choses l'une ,
» ou que les seigneurs ecclésiastiques et séculiers
» les missent en rapport quelconque , prairies ,
» labourage, vignobles, plantation de bois, le tout
» relativement à la nature du sol, ou que ces sei-
» gneurs fussent tenus de les donner en la forme
» accoutumée aux défricheurs qui se présente-
» raient. »

Les seigneurs ecclésiastiques et séculiers auraient assez volontiers donné des terres à défricher , mais il aurait fallu que le profit du défrichement passât aussitôt, et au-delà, en impôts et charges de toute nature.

Et puis , il faut bien le redire et le répéter sans

cesse, dans ces malheureux temps, la terre manquait moins aux bras que les bras à la terre. Le
métier de cultivateur ne suffisait pas pour vivre et
la condition de paysan exposait à des vexations
inouïes. Aussi comme nous l'avons déjà vu, laissait-
on les champs où l'on mourait de faim, pour les
villes où avec un peu d'industrie on se sortait
d'affaire, où avec de la prudence on vivait ignoré.

Le cultivateur attaché au sol voyait exporter par
la spéculation, les blés qu'il avait arrosés de ses
sueurs (1). En 1768 , 69 et 70 la famine fut affreuse.

(1) « En 1789, un homme appelé Le Prévôt de Beaumont,
» délivré par la prise de la Bastille, sortait de prison après vingt-
» un ans de captivité dans cinq forteresses différentes.
» Quel était son crime ?
» Nul ne le savait, excepté ses persécuteurs, qui étaient des
» ministres ou de hauts fonctionnaires dans le gouvernement du
» roi.
» Son crime, il le fit connaître lui-même à sa sortie de prison.
» Il était en effet, du nombre de ceux qui ne se pardonnent pas :
» Le Prévôt de Beaumont avait su une chose que personne ne
» devait savoir ; il avait découvert le secret terrible d'une vaste
» conspiration ourdie pour affamer la France en pleine prospé-
» rité, afin de lui faire payer plus cher l'élément le plus néces-
» saire à l'existence , le pain.
» C'était vers 1767. Beaumont était dans le cas où se trouvaient
» tous les honnêtes gens du pays : il ne comprenait pas comment
» il se faisait que, malgré l'abondance des céréales, la disette
» se renouvelât périodiquement tous les deux ou trois ans. Cette
» étrange anomalie le préoccupait, comme elle préoccupait les
» parlements du Dauphiné et de Normandie, qui avaient pris l'i-
» nitiative de demander au roi que des recherches fussent ordon-
» nées pour en pénétrer les causes.
» En juillet 1768, Le Prévôt de Beaumont reçut une révélation
» qui lui expliqua tout. Un commis appelé Rinville lui communi-
» qua une espèce de bail, rédigé en vingt articles, par Cromot
» du Bourg, premier commis aux finances. Ce bail, signé du
» ministre des finances, du ministre de la police et du ministre

Nous avons vu encore dans le cours de cette notice que le cultivateur qui avait bon vouloir, force et continuelle santé, gagnait par an 186 livres à travailler rudement. Eh bien, en 1768, 69 et 70, un homme seul dépensait par année 109 livres 10 sous, rien qu'à manger du pain. Le calcul en est facile à faire : Deux livres de pain par jour, c'est le

» de la justice, concédait, pour douze années, à un certain
» Laverdy, représentant d'une société anonyme, l'exploitation
» générale de *toutes les farines et grains du roi.*
» Les quatre principaux membres de la société anonyme étaient
» les sieurs Roy de Chaumont, receveur des domaines et bois du
» comté de Blois; Rousseau, receveur des domaines et bois du
» comté d'Orléans ; Perruchot, ancien entrepreneur d'hôpitaux
» d'armées, et Malisset, se qualifiant *homme du roi, agent général*
» *de l'entreprise.* Ils employaient les quatre agents de finances
» Trudaine de Montigny, Boutin, Langlois et Boullongne. Leur
» grand bureau de recettes, appelé *bureau général des blés*, était
» installé rue de la Jussienne, à l'hôtel Dupleix.
» . . . .
» ... Comme il fallait une grande liberté d'action pour pouvoir
» accaparer les blés verts et sur pied aussi bien que ceux qui
» étaient dans les greniers, les fermiers de cette exploitation
» avaient besoin de se concilier tous les hauts fonctionnaires de
» Paris et des provinces; et le moyen de se les concilier, c'était
» de les faire participer aux profits.
» ... Sartine se réserva pour lui seul Paris, l'île de France et
» la Brie. Dans cette curée, le duc de Choiseul prit la Lorraine
» pour lui et sa famille.
» Le bail rédigé par Cromot du Bourg en faveur de la com-
» pagnie Laverdy, portait la date du 12 juillet 1765.
» . . . .
» Alors fut consommé dans son esprit comme dans sa teneur,
» le fameux pacte Laverdy, le PACTE DE FAMINE. Cet horrible
» bail ne fut plus un secret que pour le gros de la population,
» aux dépens de laquelle il subsistait. Les spéculateurs exportaient
» les blés de la France pour faire la hausse, puis ils les réim-
» portaient avec d'énormes bénéfices.... »

A. ERDAN.

(De la liberté du commerce des grains).

moins qu'il faille à un cultivateur ; or, il y a dans l'année 365 jours ; à deux livres de pain par jour, c'est 730 livres de pain par an. Ce pain à 3 sous la livre, revient au bout de l'année à 109 livres 10 sous.

Mais ce cultivateur avait une femme, des enfants ; il payait chaque année 12 livres pour la taille, 15 livres pour son loyer, 23 livres pour ses vêtements et chaussures ! Il fallait donc qu'il partageât son pain avec sa femme et ses enfants, qu'il se passât de bois, de savon, de chandelles de résine, de sardines, d'ail, de sel, et qu'il but constamment de l'eau.

Aussi dans une note où il a consigné ses propres réflexions, le père Arcère dit-il à propos de l'exportation des grains et de ces trois fatales années 1768, 69 et 70 : « On manquait de pain à la Ro- » chelle, on l'enlevait chez les boulangers et dans » les rues. Les particuliers de la campagne, je » parle des journaliers, non propriétaires, *vivaient* » *d'herbes. Ce sont des faits publics qu'on ne sau-* » *rait révoquer en doute.* (1)

(1) L'histoire nous fournit des renseignements semblables sur les siècles antérieurs. M. de Barante, dans son histoire des Ducs de Bourgogne, dit : « Le peuple était tellement appauvri par les » taxes (XIVe SIÈCLE), que les terres restaient sans culture. On » rapporte, et des titres le prouvent, qu'il y eut des cantons, dans » le Valais, qui demeurèrent trente années sans être labourés. » Remarquez que M. de Barante ne dit pas qu'on abandonnât les

Si le journalier non propriétaire *vivait d'herbes,*
le petit propriétaire, le fermier, le véritable pro-
ducteur enfin ne vivaient guère dans de meilleures
conditions. Dépouillés à bas prix de leurs récoltes
par l'astuce et la fourberie des spéculateurs, ils
avaient encore à aider et à secourir leurs journaliers. Pendant ces trois années de disette, fermiers
et propriétaires s'étaient endettés ; ce blé, converti
en pain si rare et si cher, ils l'avaient à peine vendu
15 pistoles.

Les vignes ne donnaient pas plus de profit que
les terres ensemencées. Le quartier de vigne rap-

terres parce qu'elles n'étaient pas défrichées, mais bien parce que
le peuple était trop *appauvri par les taxes.*

Prenons un autre historien :

« Les marchands qui, pour la plupart du temps, étaient Lom-
» bards ou Juifs, se trouvaient arrêtés et rançonnés dans chaque
» seigneurie, dont le maître réglait, à son gré, les péages et les
» taxes. La culture, opprimée, avilie, se bornait aux besoins d'une
» population misérable, peu nombreuse, et à l'entretien d'un luxe
» grossier consistant plus dans l'abondance que dans le choix des
» mets, et qui se concentrait dans l'étroite enceinte des nobles
» châteaux et des abbayes oppulentes.
» La chasse peuplait, au détriment de l'agriculture, les forêts
» d'animaux dévastateurs.
» Les campagnes, la plupart désertes, ne montraient au voya-
» geur qu'un vaste pays, à demi sauvage, où l'on voyait épars
» quelques domaines de petits feudataires s'efforçant d'imiter,
» dans leur rustique manoir, les coutumes orgueilleuses du châ-
» teau, et, à grandes distances, sous le nom de villages, des
» hutes habitées par des hommes dont la vie presque brutale
» différait peu de celle des animaux attelés à la charrue. »

(SÉGUR.)

portait année commune , huit barriques de vin.
Mais il y avait de mauvaises années , telles que
1766 où les gelées de mars emportèrent la moitié
de la récolte , et 1767 où les gelées et d'autres
fléaux emportèrent la récolte toute entière. Huit
barriques de vin, valant 10 liv. 13 s. 4 d. la barrique, constituaient une récolte de 85 livres 6 sous
8 deniers, ci. . . . . . .   85 l. 6. s. 8 d.

Sur cette somme il fallait
retrancher, ainsi que nous
l'avons vu plus haut :

La taille et les labours d'un quartier.	36 liv.	
Les frais de récoltes. . . .	18	
Le rabattage de huit barri- ques.	8	
Les rentes et devoirs sei- gneuriaux.	2	
L'entretien du cellier, pres- soir , caves , etc. . . .	3	
	67	

Reste. . . . . . 18 l. 6 s. 8 d.

Il y avait bien encore quelques retranchements
à faire sur ces 18 liv. 6 s. 8 d. Il y avait notamment les courtiers-jaugeurs et inspecteurs aux
boissons à qui il fallait donner vingt sous par bar-

rique, soit pour 8 barriques, 8 livres; il y avait encore, la taille, la capitation, le don gratuit, le droit d'entrée en ville, droit passablement élevé si l'on en juge par le droit sur les bestiaux : un bœuf payait 24 livres.

Et je passe sous silence une foule d'impôts dont la plus grande partie existait dans la province, tels que le *cens*, le *croix-cens*, le *chef-cens*, le *sur-cens*, le *cher-cens*, le *double-cens*, le *cens gros et menu*, le *cens quérable*, le *cens portable*, le *cens abonné*, le *cens non abonné*, — tous impôts simultanés ou confondus les uns dans les autres;—les *lods et ventes*, — où l'on prenait le douzième du prix pour le seigneur (en Angoumois, Saintonge et Poitou, le sixième); — les *reliefs*, — où à chaque mutation on prélevait au profit du seigneur, la récolte d'une année ; — les *quints et requints*, — ou prélèvement de 6,000 liv. sur 25,000 ; — les *centièmes*, les *cinquantièmes*, les *treizièmes*, etc., la *dîme*, les *redevances*, les *terrages*, *champarts et complants* ; — droits sur les récoltes des champs et des vignes; — les *tonlieux*, — droits de stations sur les marchés; — les *hallages* ; — droits sur les marchandises mises en vente ; — les *droits de péage* quand on passait des marchandises par les villes, ponts et rivières ; — les *droits de travers*, — quand on traversait le domaine du seigneur ; — si l'on ou-

bliait de payer, les marchandises étaient confisquées;
— les droits de *vif et mort herbage*, — qui attri-
buaient au seigneur une brebis sur vingt; — les
droits de *moulin-banal,* de *four-banal,* de *pressoir-
banal,* etc., etc.

Je ne parle pas non plus du droit de *ban à vin ,*
privilège qu'avait le seigneur de vendre en détail
le vin de son crû, chaque année, durant un certain
temps, et d'empêcher pendant ce temps, qu'aucun
de ses tenanciers n'en débitât dans sa seigneurie.
— La coutume de la Rochelle fixait ce temps à 40
jours. — En quelques endroits tels que Chatelaillon
et Angoulins, les cabarétiers étaient admis à s'a-
bonner, afin de vendre en même temps que le
seigneur; ils payaient alors à ce dernier, le droit
de *gobeletage.* (1)

Ni la culture des céréales, ni la culture de la
vigne ne pouvait donc faire vivre l'agriculteur.

Mais revenons au défrichement des communaux.
Nos prédécesseurs , si ardents d'abord à deman-

(1) Au XVIᵉ siècle on avait était si ingénieux à créer des impôts,
qu'à deux reprises différentes, le Parlement de Toulouse avait dû
intervenir pour supprimer une redevance prétendue par un seigneur, pour raison du mariage de ses tenanciers et pour autant
de temps que durerait le mariage.
Ce seigneur voulait sans doute faire revivre , en argent ou en
denrées, ces droits plus anciens qui selon Valin, *blessaient l'honnê-
teté publique et la pudeur.*

der des défrichements, s'étaient quelque peu re-
froidis, en reconnaissant que beaucoup de terres
défrichées restaient incultes faute de cultivateurs.
Ils persistaient néanmoins à soutenir l'utilité des
défrichements en signalant comme remède au manque de bras , la concession d'avantages sérieux à
ceux qui défricheraient. Mais ils ne voulaient pas
qu'on défrichât les communaux.

Leur mémoire à la société de Paris (22 mars
1767) entrait à ce sujet dans de sérieuses considé-
rations.

Les communaux situés généralement aux alentours et à proximité des bourgs, hameaux et
villages, se composaient à la vérité des terres les
plus faciles à cultiver et à préserver des dévasta-
tions, mais si ces terres étaient bien placées pour
la culture, elles ne l'étaient pas moins pour l'usage
qu'en faisaient les communautés. Un petit propriétaire ayant un arpent de terre, un demi arpent et
même moins, pouvait, grâce au communal, se procurer deux bœufs, un cheval, labourer son champ
et travailler pour autrui. Le journalier, lui-même,
arrivait à posséder une vache dont le veau vendu 18
ou 20 livres servait à payer le collecteur. Avec un
vieux cheval, il transportait du fumier, des gerbes,
du foin, des pierres pour le propriétaire. Arrivé là,
il faisait le rêve de Perrette, il achetait un cochon,

élevait quelques brebis, etc. Dans certains communaux, le colon était encore usager pour le bois de
chauffage et le bois de construction.

Défricher le communal, n'était pas d'ailleurs le
dernier mot du projet. Le communal une fois dé-
friché il faudrait le partager ou le vendre. Partager ou vendre, cette question, disait la société, nous
parait un nœud gordien bien difficile à délier; elle
tient au droit public, aux droits seigneuriaux, à
des coutumes autorisées par la loi. Partager, le
seigneur aura la part du Lion. Vendre, ce ne pourra
être que moyennant une rente en argent ou en
denrée. Pour une rente en denrées à partager tous
les ans entre les habitants de la commune, il faudra des greniers, des futailles, un distributeur à
gages, etc. Une rente en argent! Elle passera toute
entière aux mains des collecteurs.

Et nos prédécesseurs avaient raison. Car la terre
si mal cultivée qu'elle fût, produisait suffisamment
de blé pour les besoins de tous (1), mais ce blé, je le
répète, passait aussitôt la récolte entre les mains des
spéculateurs, qui l'exportaient ou ne le livraient
qu'avec d'énormes bénéfices. Le défrichement des
communaux, en enlevant au peuple son unique
moyen d'existence, n'aurait fait que grossir les

(1) La population de la France était évaluée, alors à 22 millions,
par l'Abbé d'Expilly.

7

bénéfices de la spéculation. Le blé manquait si peu
dans certaines années de disette, qu'il y avait des
provinces où l'on en nourrissait les bestiaux (1).
Mais chaque province avait son tour ; l'abondance
ou la disette s'y produisait sous la baguette du monopole.

En échange du mémoire sur le défrichement des
communaux, la société de Paris adressa à la nôtre
un mémoire sur la marne. Notre société s'empressa
de répondre à cette communication ; seulement, au
lieu d'un mémoire imprimé, elle se contenta d'un
travail manuscrit, le luxe de l'impression ne lui
étant que très rarement abordable.

Ce travail manuscrit suffisait d'ailleurs, car il
n'en résultait qu'un fait digne de remarque, c'est
que la marne était inconnue dans notre pays.

La paroisse du Gué-d'Alleré, seule, en aurait
fourni à des conditions très économiques, mais le
Seigneur de la localité dont les terres auraient pu
s'en accommoder avec succès, répondit qu'il avait
assez de pierres dans ses champs, sans en augmenter le nombre par le marnage.

Il y avait alors cinq ans que notre société existait.
Pendant ces cinq ans, elle avait porté ses investi-

(1) Voir les écrits de Condillac.

gations sur tout ce qui pouvait contribuer à la prospérité de l'agriculture. Elle avait espéré d'abord, mais chaque jour son espoir s'était enfui. L'indifférence des grands propriétaires, l'insuffisance des petits, le découragement des travailleurs, l'ardeur croissante du fisc qui guettait chaque amélioration pour la tarifer, rendaient tout progrès impossible et dangereux. S'agissait-il d'une expérience, il fallait une persévérance rare pour y arriver et pour l'exécuter.

Cette expérience était-elle tentée, bonne ou mauvaise? y voyait-on le germe de quelque chose d'utile? à l'instant même le fisc talonnait l'inventeur et le forçait de payer l'impôt avant qu'il n'eût recueilli le moindre dédommagement pour ses dépenses, ses travaux et ses veilles. C'est ainsi que des conceptions pleines de sève et d'avenir succombaient sous des redevances exigées prématurément. C'est ainsi que des hommes bien décidés à vaincre le paupérisme , — le mot n'existait pas encore, mais la chose était partout, — se ruinaient en efforts inutiles et devenaient pauvres à leur tour.

Nos prédécesseurs comprirent ou ne comprirent pas, je l'ignore, car le père Arcère et M. de La

Faille (1), étaient restés presque seuls sur la brèche,
que le moment d'agir n'était pas encore venu. Ils
se turent peu à peu. Un dernier cri leur échappa,
le 25 avril 1767, à propos des nouvelles taxes
sur les vins. — Je vais transcrire littéralement leurs
dernières paroles, car si j'analysais on dirait que
j'invente, tant les maux d'alors ressemblent aux
maux d'aujourd'hui.

« La diminution des droits sur les vins du pays
d'Aulnis, que Messieurs les officiers municipaux et
MM. les notables de la Rochelle, sollicitent auprès
de sa majesté, mérite toute l'attention de la société
d'agriculture. Cette matière aussi intéressante pour
le commerce, tient par ses liens les plus forts aux
opérations rurales et se rapporte immédiatement
à l'objet de nos études et de nos soins. C'est sous ce
point de vue qu'il nous est permis de l'envisager.

» L'excès des droits sur nos vins doit être re-
gardé comme la vraie cause du dépérissement de
nos vignobles. Si le mal va au point de les faire
abandonner, tout est perdu pour nous et commerce
et culture. Démontrons cette affligeante vérité. Le
vin est la seule production du pays d'Aulnis. Les

(1) M. de La Faille était en même temps secrétaire perpétuel
de l'Académie de la Rochelle, correspondant de l'Académie des
sciences de Paris, etc., etc.; son éloge fut fait après sa mort,
par M. l'abbée Moussaud, directeur de l'Académie de la Rochelle,
à la séance du 14 mai 1783

autres objets, le sel mis à part, sont si minimes qu'ils ne sauraient entrer en ligne de compte. C'est donc sur la plantation et l'entretien des vignes que doit s'exercer l'industrie des habitants. Mais l'industrie est plus ou moins active relativement au plus ou moins de profit qu'on a droit d'espérer. Que le bénéfice du travail s'affaiblisse, l'action dans le corps politique se ralentit : que le bénéfice cesse, il n'y a plus alors ni mouvement ni vie. Voilà le cas à peu près où se trouve le pays d'Aulnis.

» Anciennement nos vins étaient un objet de la plus grande consommation, ce qui animait la culture des vignobles. L'Aulnis, uniquement propre à cette production, en fut couvert. Le propriétaire encouragé par le débit de sa denrée, ne manquait pas de s'en procurer davantage par la plus vigilante attention sur l'entretien de ses vignes. Ces vins étaient transportés en Flandre et dans le Nord, et ce fut cette exportation qui rendit la Rochelle si florissante au xive siècle, ainsi que nous l'apprend un écrivain du temps. Cette grande exportation affaiblie dans la suite resserra les canaux de la consommation, et finit par les boucher entièrement. Les premiers droits ont donné aux envois forains une large atteinte. Mais lorsqu'on les a portés presque au niveau de la valeur de la denrée, il n'a plus été question de transport.

» Le prix courant d'un tonneau de vin roule entre 40 et 50 livres. Nous l'avons vu plusieurs fois à 30. Mettez à côté de ce prix un droit de 35 livres 18 sous par tonneau, tout dès lors est absorbé, profit pour le propriétaire, commerce pour le négociant. La taxe qui n'est plus relative au prix détruit l'harmonie et cette proportion qui doit se trouver entre le fardeau de l'imposition et la faiblesse de la denrée qui le supporte.

» Aussi voyons-nous de vastes terrains autrefois couverts de vignes, actuellement hérissés de ronces. Les tenanciers qui avaient pris des quartiers à planter sous une redevance, les abandonnent. C'est qu'ils ne sauraient y vivre. Dira-t-on que cet abandon ne vient que de la disette des cultivateurs. Vous en manquez, et pourquoi? L'écho répétera, c'est qu'ils ne sauraient y vivre (1).

---

(1) Outre les droits de *complant* et les redevances dont nous avons déjà parlé, les vignes étaient sujettes à plusieurs autres charges plus ou moins grosses et à une foule de mesures plus ou moins vexatoires.

Le tenancier qui voulait arracher sa vigne pour la renouveler, n'obtenait cette permission qu'en donnant une part des souches au Seigneur.

Il fallait le consentement du seigneur pour la moindre modification de culture.

Le seigneur qui préposait des gardiens, pour empêcher les tenanciers ou autres, d'enlever des raisins en fraude de ses droits, mettait les frais de garde à la charge des tenanciers. Les vignes franches n'étaient même pas toujours à l'abri de cet impôt.

Le tenancier qui vendangeait le dernier, payait une amende de 10 sols. Cette amende était un des moyens employés pour faire faire rapidement les vendanges, car plus elles duraient plus le

» Qu'ils retrouvent les mêmes avantages qu'ils y recueillaient autrefois, la certitude du bien être leur donnera le signal du retour. Partout où les hommes pourront vivre ils naîtront. Partout où la

seigneur avait à payer au *complanteur*, son agent. Aussi, la plupart du temps, le seigneur fixaît-il un délai pour les vendanges. Faute par eux d'avoir fini dans ce délai, les retardataires payaient et nourrissaient la personne préposée pour complanter. — Le *complanteur* marquait les sommes sortant de chaque vigne, pour fixer et assurer le droit du seigneur. Il se tenait au *pas du fief* où aboutissait la *raise batise* ou *bâtisse*, sentier assez large pour le passage d'un cheval à *bât*, portant la somme. — Les rares propriétaires qui possédaient dans un fief des *vignes franches* avaient également maille à partir avec le seigneur s'ils vendangeaient trop tôt, car ils ouvraient les *pas* et par suite pouvaient tenter quelques tenanciers.

Puis, arrivait le conflit entre le complant seigneurial et la dîme ecclésiastique. C'était à qui des deux passerait le premier, afin d'opérer sur toute la récolte. Le curé avait la loi ; le seigneur avait la force. Le tenancier payait la plupart du temps les frais de la querelle, mais quelquefois aussi, il s'entendait avec le curé (le préposé du curé s'entend), pour frauder le droit du seigneur.

Je viens de parler de la *raise batise*. Comme beaucoup de gens, affectant de mieux parler que les autres, en sont venus à dire *raise battue* ou *route battue* ou *sentier d'exploitation*, il n'est peut-être pas inutile de rappeler que la *raise batise*, dont le nom est consacré par plusieurs documents, notamment par le *Règlement des agatis*, ne peut pas s'appeler *raise* ou *route battue*, sans s'exposer à perdre ses anciennes prérogatives. Qui dit *raise batise*, dit passage de cheval à bât, c'est-à-dire *passage de six pieds*, largeur admise et consacrée depuis longtemps dans le pays d'Aulnis. Aux abords des bourgs et villages, toutes les ruelles formant prolongement des raises batises, sont généralement de six pieds. En outre, tous ceux qui possèdent dans un fief, usent de la *raise batise*, non comme d'une servitude, mais comme d'une propriété commune, ce qui les met à l'abri des nombreux procès que suscite d'ordinaire l'exercice de la servitude de passage. L'amour de la propriété, la faiblesse du propriétaire pour les anticipations, surtout quand il s'agit de routes, ont réduit à trois pieds, sur sol, presque toutes les *raises batises* de nos contrées ; mais l'espace de six pieds reste libre néanmoins pour le passage

vie ne sera qu'une misérable existence, on les verra
disparaître.

» Les pays les plus propres à la population sont
les pays de vignobles. La nature fait tout pour les
prairies. Les animaux sont chargés du poids du
labourage. La culture de la vigne appartient à
l'homme en seul. Il faut pour cette opération un
grand nombre de bras; il faut donc la favoriser et
y attacher même une grande importance.

» En effet, la France est le vignoble de l'Europe. Le ciel a refusé à bien des États cet avantage.
Il n'en fait à d'autres qu'un demi-présent, mais il
est libéral pour la France jusqu'à la profusion. Ne
rendons pas inutile un si grand bienfait. Le vin est
une boisson dont le plaisir se fait une première nécessité. Les peuples qui n'en recueillent pas le
préféreront toujours à leurs boissons territoriales.
Il ne tient qu'à nous de leur faciliter par une diminution de droits, le moyen de s'en procurer à peu
de frais. Une consommation abondante nous dé-
chargera de notre superflu. Nous planterons, nous
vendangerons pour l'étranger qui nous paiera le
plaisir de boire. Si l'exportation était moins gênée,

des *sommes* ou chargements, et c'est dans ces limites que la *raise
batise* a été conservée.

Continuons donc à parler comme nos ancêtres, à dire *raise
batise*, car en nous exprimant ainsi nous indiquons tout à la fois
une route et la largeur de cette route, avantage que nous ne
trouverions pas dans le néologisme que j'ai signalé.

nos vins seraient consommés par les bourgeois et le petit peuple du Nord. Les vins de Bordeaux, toujours chers, sont réservés aux tables de l'opulence anglaise : ceux d'Aulnis, de médiocre qualité et à bon marché, inonderaient les cabarets de la Hollande et de Hambourg. Le bénéfice serait peut-être plus considérable qu'on ne pense. Les denrées communes, par un débit multiplié, se mettent souvent au pair des marchandises chères dont le débit et l'usage ne sont jamais si étendus.

» L'amélioration rurale demande cette exportation. L'agriculture est comme un arbre qui n'est beau, vigoureux et fécond, qu'autant que ses diverses branches sont également nourries ; autrement la branche remplie de sève, à l'exclusion des autres branches, grossira à leurs dépens ; on les verra bientôt se flétrir et sécher. Les faveurs accordées à l'exportation des grains sont dignes de la haute sagesse du gouvernement, mais si on ne fait rien pour l'exportation des vins, cette dernière branche périra. Nous aurons des laboureurs et point de vignerons ; car il est tout naturel qu'on saisisse une culture lucrative et qu'on abandonne celle qui ne paie pas les peines du travailleur. A quoi donc aboutira l'amélioration de l'agriculture ? A faire un pas en avant, pour en faire un en arrière. Ce que l'État gagnera sur les grains exportés, il le perdra sur la culture des vignes trop négligées. Nous avons cependant le plus grand intérêt à ne pas les négliger. Les étrangers entreront toujours en concurrence avec nous pour le commerce des grains et le bénéfice sera toujours partagé. Le Hollandais promène sur les mers les moissons du Nord qu'il achète. L'Anglais verse les siennes sur le Portugal. Mais ni l'un ni l'autre ne seront jamais de moitié avec nous sur l'article des vins : La grande source en est en France, et c'est delà qu'elle doit couler sur les autres pays. Elle ne tarira jamais pour nous, on ne s'en passera jamais. Ici le grand intérêt de l'État tire cette conséquence : Il faut donc rendre cette précieuse source plus abondante par un accroissement de culture, et plus fructueuse par l'exportation la plus animée; mais quelle voie peut mener à ce but ? Une seule et unique voie : L'affaiblissement des droits imposés.

» Les eaux-de-vies ne suppléent pas au défaut d'exportation de nos vins. Si tous ces vins étaient de nature à ne pouvoir faire une boisson supportable, il en faudrait tirer parti en les passant tous à la chaudière. Il en résulterait un gain, puisqu'on rendrait propre aux besoins des hommes une denrée de nulle valeur et rebutée de tout le monde. Tous nos vins ne sont pas dans cette dernière classe. Nous en avons beaucoup qui font une liqueur pas-

sable et même assez bonne. Cés vins exportés donneraient un bénéfice honnête que nous perdons en
les dénaturant. Aux frais de cultures et de vendanges
succèdent les frais d'une manipulation fort couteuse.
Pour faire une barrique d'eau-de-vie il faut d'ordinaire six barriques de vin. En voilà cinq en pure
perte. Joignons-y les journées du bouilleur, le bois
pour la chauffe, ce bois devenu si cher que depuis
30 ans le prix en est triplé. N'oublions l'achat des
futailles, le remplissage pour l'évaporation d'une
liqueur spiritueuse, considérable si on recule la
vente, et si on la précipite un chétif profit, faible
équivalent de la dépense et du travail. Qu'on mette
dans la balance les bénéfices des eaux-de-vies et
celui de nos vins qui seraient vendus en nature à
l'étranger, le dernier sans contredit la fera pencher
en sa faveur.

» La réduction des droits à 3 livres par tonneau,
ainsi qu'il est porté par le tarif de 1664, serait donc
extrêmement avantageux à notre culture. L'exportation en ouvrant la porte à la sortie de nos vins,
serait un encouragement pour le cultivateur. On
ferait des plantations. Les vignes seraient mieux
soignées. On ne retrancherait pas une partie des
façons que la modicité des produits semble ne plus
mériter, ce qui met les plantes dans un état de langueur, suivi d'un prompt dépérissement. »

Une idée domine dans ce travail, c'est que la France étant sans rivale pour la production des vins, trouverait dans la culture et le commerce de cette denrée une mine d'or inépuisable pour enrichir ses commerçants et ses cultivateurs.

Cette idée n'était pas nouvelle en 1767. Elle est encore plus vieille aujourd'hui, et pourtant à qui la reproduit et la répète, on jette à la face un de ces deux mots, *anarchiste* ou *charlatan*.

Mais ce serait le cas de répliquer à tous ces grands hommes qui n'ont que l'injure et l'outrage pour combattre les idées fécondes, par la plume et avec l'énergie de Turgot.

« *Ces imbéciles* ne voient donc pas (1) que ce
» monopole qu'ils exercent, non pas comme ils le
» font accroire au gouvernement, contre les étran-
» gers, mais contre leurs concitoyens, leur est
» rendu par ces mêmes concitoyens, vendeurs à
» leur tour dans toutes les autres branches de
» commerce. »

Ces lignes s'adressaient au monopole des fers et non au monopole des blés ou des vins, mais elles appartenaient au développement d'un principe que dans la circonstance qui nous occupe, notre société cherchait à faire prévaloir.

(1) Lettre de Turgot à l'abbé Terray, 24 décembre 1773.

N'était-il pas absurde en effet que la France ré-
coltant du blé pour vivre et du vin pour s'enrichir,
favorisât l'exportation de ses blés pour produire la
famine, et entravât le commerce de ses vins pour
produire la misère !

Ce que voulait Turgot, c'était la liberté du commerce.

« .... Quelques sophismes, disait-il, que puisse
» accumuler l'intérêt particulier de quelques com-
» merçans, la vérité est que toutes les branches
» de commerce doivent être libres, *entièrement*
» *libres;* que le système de quelques politiques
» modernes, qui s'imaginent favoriser le commerce
» national en interdisant l'entrée des marchandi-
» ses étrangères, est une pure illusion; que ce
» système n'aboutit qu'à rendre toutes les bran-
» ches de commerce ennemies les unes des autres,
» à nourrir entre les nations un germe de haines
» et de guerres dont les plus faibles effets sont mille
» fois plus coûteux aux peuples, plus destructifs
» de la richesse, de la population, du bonheur,
» que tous les petits profits mercantiles qu'on
» imagine s'assurer ne peuvent être avantageux
» aux nations qui s'en laissent séduire. La vérité
» est qu'en voulant nuire aux autres on se nuit à
» soi-même, non-seulement parce que la repré-

» saille de ces prohibitions est si facile à imaginer
» que les autres nations ne manquent pas de s'en
» aviser à leur tour, mais encore parce qu'on s'ôte
» à soi-même les avantages inappréciables d'un
» commerce libre ; avantages tels que, si un grand
» État comme la France voulait en faire l'expé-
» rience, les progrès rapides de son commerce et
» de son industrie forceraient bientôt les autres
» nations de l'imiter pour n'être pas appauvries
» par la perte totale de leur commerce. (1) »

« (1) Turgot obtint pourtant en 1776, l'édit qui proclamait la liberté du commerce des grains. Mais l'honnête ministre ne connaissait pas la force de ce pacte de famine auquel il voulait porter le coup mortel.

» L'édit de liberté fut le signal d'une guerre comme jamais ministre n'en a soutenue, même au temps des luttes parlementaires. La reine, la famille royale, les autres ministres, le parlement, le clergé, tout se récria, tout s'ameuta. Turgot avait pensé qu'en rendant la propriété plus morale et moins oppressive, il la rendrait plus respectable ; on commença tout aussitôt à l'accuser publiquement d'*attenter à la propriété*. Suivant l'expression de la reine, le généreux ministre était honni comme promoteur des *innovations les plus roturières*. Une espèce de mot d'ordre volait de bouche en bouche ; c'était le mot de Monsieur, frère du roi, depuis Louis XVIII : Turgot n'est qu'un CHARLATAN D'ADMINISTRATION.

» Soutenus par tant d'influences, les sociétaires du pacte de famine, dont les comptoirs, dit un écrivain, reposaient sur des ossements humains, se mirent en campagne pour produire une disette artificielle comme ils avaient déjà fait si souvent.

» Les moyens les plus infâmes furent mis en œuvre ; des brigands soudoyés furent expédiés dans toutes les directions pour piller les marchés, jeter les grains à la rivière, brûler les moulins et les granges, arrêter les voitures et les bateaux chargés de grains, et répandre la terreur parmi les gens de la campagne. Une hausse rapide du prix des grains amena la disette tant désirée.

» Les misérables accapareurs trouvèrent moyen de faire ac-

Empêcher les autres nations de vendre chez
nous, ou nous mettre nous français dans l'impossi-
bilité, à cause des taxes, de vendre à l'étranger ,
n'est-ce pas toujours le même système économique ?
Alors d'ailleurs, la barrière existait des deux côtés,
barrière pour sortir de chez nous, barrière pour
entrer à l'étranger. — Et cette barrière n'était
franchissable que pour les spéculateurs qui empor-
taient nos grains !

Oui, ce qui était vrai en 1767 est encore vrai de
nos jours, et c'est le moment de le proclamer, car
un premier pas vient d'être fait dans cette campa-

croire au peuple que cette nouvelle famine était due aux mesures
de Turgot concernant la liberté de circulation des grains de province à province.

» Les sociétaires du pacte de famine eurent l'audace de simuler
une révolte générale en envoyant leurs bandes de pillards soudoyés, jusqu'à Versailles, hurler sous les balcons du roi. Le roi,
faible et crédule, crut que ces hommes , dont la plupart étaient
ivres , avaient tout bonnement faim , et il leur promit de faire
baisser le prix du pain.

» . . . .
» Ces troubles qu'on appela la *guerre des farines*, firent la plus
grande impression sur l'esprit du roi ; ils lui firent perdre con-
fiance en Turgot , dont on put dès-lors prévoir la prochaine dis-
grâce. . . . .
» Louis XVI, circonvenu, obsédé, effrayé, se décida à renvoyer
Turgot. Ce grand homme , en sortant du ministère , prononça
l'arrêt de la monarchie ! « La destinée des princes conduits par
» des courtisans, dit-il , est celle de Charles 1er. »
» C'était une prophétie. On sait comment 93 la réalisa. »

A. ERDAN.

Il y a encore des gens qui nous disent naïvement : — Vous
voulez le libre commerce des grains, vous voulez donc la famine !
Voyez Turgot !

gne contre la disette, et ce premier pas nous ouvre l'avenir.

Je le disais dans cette enceinte, le 29 mars 1847 :
« Si le commerce n'était pas arrêté dans nos années
» de disette par cette barrière de droits protecteurs,
» qui, dit-on, protègent l'agriculture, l'excé-
» dant de récolte chez nos voisins afluerait chez
» nous à temps et dans de justes bornes ; et nous
» n'aurions pas cette misère affreuse qui enfante
» l'émeute, le pillage et l'assassinat.

» Le commerce plus prévoyant que les gouver-
» nements, parce qu'il vit de sa prévoyance, ne
» pouvant spéculer à l'extérieur, a spéculé à nos
» portes. Nos cultivateurs, nos fermiers, la plupart
» de nos propriétaires ont vendu dès l'automne.
» Ils étaient producteurs alors, ils sont consomma-
» teurs maintenant. La hausse leur a fait en défi-
» nitive plus de mal que de bien : tel est pour eux
» le résultat de la loi protectrice. »

Le commerce libre, le commerce livré à lui-même, tend par cela même qu'il est le commerce et que cela tient à son existence, à remplir tous les vides produits par la consommation, de même que l'eau tend à reprendre son niveau à mesure que l'on y puise. Que diriez-vous d'un homme qui au lieu de

laisser l'eau d'un étang se niveler d'elle-même ,
voudrait absolument se charger de ce soin ?

Avons-nous manqué de sucre et de café quand
nos colonies ont souffert? Le prix de ces denrées
a-t-il varié dans la proportion du prix des grains?
Non, sans doute. Eh bien , réduisez la France à la
consommation de son sucre indigène , et supposez
une année où les betteraves soient malades. Croyez-
vous qu'une abolition subite des droits sur les autres sucres , empêchera les prix de monter? Le
commerce sans doute vous viendra en aide ; mais
le commerce improvisera-t-il des relations , des
correspondants et des navires disponibles ?

Le mémoire de notre société à propos des taxes
qui frappaient les vins, fut donc le dernier travail
sérieux de nos prédécesseurs.

Le père Arcère, rendu à ses loisirs, bien que la
société ne fût pas encore éteinte, s'occupait de loin
en loin à consigner sur son registre des notes sur
l'agriculture et des notes sur la théologie.

La lecture des gazettes lui fournissait des recettes et des renseignements qu'il transcrivait de
son écriture propre et serrée , avec un soin méti-
culeux.

Il avait trouvé dans la *Gazette de France* un

moyen infaillible pour détruire les fourmis qui se jettent dans les arbres fruitiers , et il avait copié la *Gazette*. Ce moyen consistait à aller chercher , dans les bois, de grosses fourmis qui à ce qu'il paraît étaient très friandes des fourmis de jardins. Restait à trouver la recette pour détruire ensuite les grosses fourmis.

Il avait noté également l'observation d'un économiste de la Haye, lequel avait calculé qu'un moineau dévorait 127,750 grains de froment par année ou deux tiers de boisseau , le boisseau de Paris contenant 172,000 grains. Le nom de cet économiste n'a pas été conservé. (1)

Le père Arcère était d'ailleurs très méthodique et très soigneux dans la tenue de ces notes. Quand il lui arrivait de copier quelque chose d'étranger à l'agriculture , il écrivait en marge : « Cet article » a été placé ici par méprise. »

A part ces innocentes manies, — quel est l'homme qui n'en a pas ? — la mission du père Arcère , comme secrétaire de la société d'agriculture, a été accomplie avec autant de zèle que d'exactitude. On lit avec intérêt , souvent même avec plaisir , les travaux de ces cinq années. Les idées de progrès

(1) A la même époque , une Gazette de Paris proposait un impôt sur les chiens, *mais elle en exceptait les chiens de chasse.*

s'y révèlent à chaque page, enchainées presque toujours à des idées philanthropiques ; seulement, la
forme laisse quelquefois à désirer. Ainsi , à propos
des communaux, on dit qu'il ne faut pas les défricher,
parce que le paysan, privé de bois, volera celui du
seigneur. On dit de même, à propos de la misère ,
qu'il faut la faire cesser, parce qu'elle produit des
mendiants et des pillards.

Je ne veux pas faire la guerre aux mots, surtout
quand je crois qu'au fond l'intention est bonne.
Mais je désirerais que nos prédécesseurs eussent
songé au bien-être du cultivateur, plutôt par affec-
tion que par crainte. C'est bien d'empêcher un
homme de voler du bois quand il fait froid, mais
c'est mieux de lui faire une position telle qu'il puisse
s'en procurer honnêtement.

J'ai dit que notre société , quoique découragée ,
quoique dissoute en partie , n'était pas encore
éteinte.

Le père Arcère , en effet , continuait toujours la
correspondance au nom de la société. Les lettres
alternaient , sur le registre, avec les recettes pour
détruire les fourmis et les observations sur les
moineaux.

Le 11 mai 1767, il écrivait à M. Bertin :

« Je me hâte de vous apprendre le malheur qui

» vient de nous arriver. Des loups chassés des bois
» de Saintonge, se sont jetés en Aulnis. Ces vilains
» hôtes qu'on n'attendait pas et parmi lesquels il
» y en avait d'enragés ont désolé six ou sept pa-
» roisses. On a donné des ordres pour amener à
» notre hôpital 25 ou 30 personnes cruellement
» blessées. Des symptômes de rage bien marqués
» se sont déjà manifestés. Il est mort plusieurs
» malades. (1) »

Ces sortes de malheurs n'étaient que trop communs. (2) Les battues dirigées contre les loups
avaient pour inconvénient de rejeter ces animaux sur
les paroisses voisines où ils commettaient d'autant
plus de ravages qu'ils y arrivaient inattendus et
affamés. Celui qui tuait un loup recevait 10 livres,
mais il était rare qu'un homme seul put obtenir
cette gratification. On se mettait 5 ou 6 pour poursuivre et tuer le loup, et par suite on se trouvait 5

(1) 20 personnes succombèrent sur 25 portées à l'hôpital.

(2) Le 13 mars 1779, une louve monstrueuse, que l'on disait
enragée, blessa grièvement en deux endroits de la tête, un nommé
Pierre Taussin, des Grandes-Rivières, paroisse de Sainte-Soulle,
qui taillait la vigne dans le fief de Moranville, joignant le bois du
château de Cheusse. M. de Sélines ayant été averti de ce malheur, et que la louve était entrée dans le bois du château, s'y
transporta avec ses domestiques et quelques paysans ; mais n'ayant
pu la tirer, il prit le parti de la faire suivre à la trace, et d'envoyer sonner le tocsin dans les paroisses de Sainte-Soulle, Bourg-
neuf et Dompierre. Tous les habitants de ces paroisses ayant
répondu à l'appel, la louve fut tuée dans le bois de la Roche-
Bertin, à peu de distance du château de Cheusse.

ou 6 à partager la prime. Le père Arcère, au nom de la société, demandait une plus forte récompense.

La récompense ne fut pas augmentée, ou la race des loups se multiplia outre mesure, car en 1775 ces animaux assiégeaient les fermes. (1) J'ai trouvé dans les archives départementales, une lettre adressée à l'Intendant de la Rochelle, par un sieur Aussignac, de la paroisse de Vandré. Cette lettre en date du 31 octobre 1775, vient à l'appui de ce que j'avance. Le sieur Aussignac expose qu'il a fait usage du fusil avec assez de réussite, et que s'étant attaché particulièrement à la destruction des loups, il en a tué 12, la nuit, en les attendant à revenir aux animaux qu'ils avaient égorgés ou qui étaient morts accidentellement, ce qui, ajoute-t-il, n'a pas été sans y gagner plusieurs rhumes.

Ce brave destructeur de loups, ne voulant plus s'enrhumer, et ayant étudié les *ruses, finesses* et *scrupules* de ces animaux *meurtriers,* avait inventé un mécanisme composé de trois arquebuses placées sur des piquets et dirigées sur les trois côtés d'un triangle. Chaque côté de ce triangle

(1) Les voleurs, nous le savons, les assiégeaient aussi depuis nombre d'années. Mais ils étaient moins poursuivis que les loups. Les seigneurs qui rendaient la justice, étaient obligés d'en faire les frais. Aussi n'étaient-ils ardents à poursuivre que les voleurs qui les avaient volés. Quant aux autres, la dépense les arrêtait. « Tous les seigneurs, dit Valin, s'appliquent à éviter cette dé- » pense, et c'est ce qui favorise souvent l'évasion des criminels. »

était formé d'une ficelle attachée à la détente d'une arquebuse. Au milieu était l'appât. Pour atteindre cet appât, le loup se heurtait contre la ficelle et faisait partir l'arquebuse dont il recevait la charge.

J'ignore si cette découverte fut approuvée par l'intendant et si d'autres que l'inventeur la pratiquèrent, mais je crois que c'était le cas de recourir aux défrichements.

Le 28 décembre 1771, M. Bertin transmit à M. Senac de Meilhan, intendant de la Rochelle, le prospectus d'une institution d'agriculture dont le Roi venait d'ordonner l'établissement à Anelle. Un laboureur de la généralité de la Rochelle, présenté par la société d'agriculture devait être reçu à cet établissement. L'Intendant en conversa avec le père Arcère, mais rien ne nous dit ce qu'il en résulta.

De 1771 à 1780, la société donna bien encore quelques signes de vie, mais de 1780 à 1788, il n'en fut plus question. (1)

---

(1) Cependant, en 1783, M. Brevet, membre de la société, fit paraître la seconde édition d'un Mémoire sur le moyen de préserver les grains d'être niellés ou charbonnés, ou *nublis;* — *comme on dit dans cette province.* M. Brevet était capitaine des canonniers garde-côte. Le registre de la Société d'Agriculture ne fait pas mention de ce Mémoire que l'auteur ne communiqua pas sans doute à la Société.

En 1780 , le Ministre des Finances , Necker , écrivit de Versailles à M. d'Ablois, notre Intendant, pour avoir des détails sur l'état de l'agriculture dans la généralité.

La réponse de M. d'Ablois est assez curieuse pour que je ne la passe pas sous silence. On peut être grand administrateur sous certains rapports et ne pas être plus fort en agriculture que M. Baillon. M. d'Ablois était d'ailleurs un homme de son époque et tenait à voir le progrès comme on le voyait de son temps. — En revanche il présidait fort agréablement les séances de l'Académie.

A propos des défrichements , il craint qu'on n'abandonne les terres défrichées parce que le grain est à vil prix. Il faut donc faire augmenter le prix des grains et donner des primes à l'exportation (1).

En 1779, il avait été question d'un nouveau procédé très économique , pour chauffer les chaudières, et pour lequel il fallait s'adresser à M. Despéroux, secrétaire de la ville. On avait demandé pour en faire l'essai, aux souscriptions particulières , un fonds de 2,000 à 2,500 livres. L'expérience devait être patronée par M. d'Ablois , et confiée à la Société d'Agriculture. Il est probable que cette expérience n'eut pas lieu.

(1) L'année précédente , un sieur Charon , bourgeois de Blamont , avait inventé la *poudre d'abondance* . bien préférable aux défrichements , puis qu'avec la moitié de la semence ordinaire , on obtenait le double de récolte. Cette poudre donnait au grain une fécondité d'autant plus extraordinaire , que les mauvaises terres produisaient autant que les bonnes , et que le blé récolté par ce procédé était bien supérieur en poids et en qualité à tous les autres blés possibles.

— Ces terres défrichées eussent peut-être fait des vignes, mais non, laissons parler M. d'Ablois :

La culture de la vigne est la principale culture de la généralité, mais elle est plus à charge qu'à profit, et il serait bien de la supprimer *à cause de la cherté des droits sur les vins et les eaux-de-vies.*
— Supprimer une culture parce que les revenus qu'elle donne, restent au-dessous du chiffre écrasant de l'impôt !

Le dépôt de cette poudre était comme celui de l'eau merveilleuse de MM. Quertan et Audoucest, chez le sieur Darbellet, marchand, rue du Palais.

Que sont à côté de cette poudre les engrais d'aujourd'hui ? et qu'y a-t-il de nouveau sous le soleil ?

Nos systèmes d'irrigation et de drainage sont renouvelés des Chinois, des Grecs et des Romains. Columelle et Caton en savaient plus long que nous sur ces procédés agricoles.

Les raves, les navets pour la nourriture des bestiaux, étaient aussi bien cultivés à Corinthe et dans les Gaules qu'en France de nos jours. Palladius nous en dirait quelque chose. Pline a vu des raves d'une grosseur phénoménale.

La confection des fumiers, la conservation des sucs et des urines étaient enseignées par Varron. Virgile connaissait les *composts ;* il fit *compostus* de *compositus.* La chaux, la marne, les os broyés ou brûlés, employés à l'amélioration des terres, datent des premiers âges de l'agriculture. On marnait à Mégare. On faisait de très bons près artificiels à Rome. — Les Chinois ramassaient des bourriers dans les rues et des crottes sur les chemins pour les vendre aux marchands d'engrais. — Il est question de la herse dans le livre de Job. — Le pommier, le poirier, le citronnier, le grenadier, le figuier, le noyer, l'amandier, le châtaignier, le pêcher, le prunier fournissaient d'admirables et excellents fruits aux Romains. — Plutarque dit que Soclarus avait enté en écussons des oliviers sur des lentisques, des grenadiers sur des myrthes,

Il y a aussi les salines, mais elles sont ruinées par les droits qu'elles paient au Roi , à M. le maréchal de Richelieu, etc., etc. — Pourquoi ne pas les supprimer aussi?

Tel est à peu près le sens de cette réponse.

En 1784, la Société d'Agriculture de Paris, dont les travaux avaient aussi été suspendus , faisait parvenir à l'Intendant de la Rochelle , une lettre pour notre Société *si elle existait encore.*

La correspondance suivante donne lieu de croire que cet envoi n'arriva pas à sa destination.

Lettre de M. Lambert, contrôleur général des finances , à M. de Reverseaux , Intendant à la Rochelle :

« Paris, 18 février 1788.

» Je désire, Monsieur, rassembler les renseignements les plus complets sur les différentes Sociétés d'Agriculture qui ont été établies dans le royaume. Je vous prie en conséquence de me faire connaître celles qui peuvent exister dans votre généralité.

---

des poiriers sur des chênes, des pommiers sur des platanes , des mûriers sur des figuiers , et que tout cela réussissait à merveille.

Que valons-nous à côté de ce Soclarus ?

Et la *pisciculture !* Et les *primeurs !* — Tibère récoltait et mangeait des concombres toute l'année. Et Lucullus avait un vivier qui se vendit 1 million 320 mille francs de notre monnaie.

Vous voudrez bien m'adresser une copie ou des
exemplaires des arrêts du conseil et lettres patentes
qui les ont établies, ainsi que des statuts et réglements formés pour leur régime intérieur. Marquez-
moi aussi, je vous prie, s'il a été fait des fonds pour
leurs frais de bureaux ou pour distribution de prix,
et sur quelle caisse ils ont été assignés. Je désire
que vous vouliez bien me faire parvenir ces détails
et éclaircissements le plus promptement qu'il vous
sera possible.

» J'ai l'honneur d'être, etc. »

Réponse en date du 23 février 1788.

« Il existe à la Rochelle une Société d'Agriculture établie par arrêt du conseil du 15 février 1762:
elle consiste dans dix titulaires y compris l'Intendant
de la province, quelques associés et plusieurs correspondants. Je vais faire copier son arrêt d'établissement ainsi que les réglements qui peuvent avoir
été faits pour son régime intérieur. Cette société
est à présent sans aucun exercice. Il n'a été fait
aucuns fonds ni pour ses frais de bureaux ni pour
distributions de prix. Elle a donné au public, depuis son établissement, six Mémoires, le premier
sur la nécessité de diminuer le nombre des fêtes,
le second sur les moyens de multiplier les fumiers,

le troisième sur quelques expériences d'agriculture,
le quatrième sur les marais salans d'Aulnis et de
Saintonge (ce Mémoire est bon et contient des détails intéressants), le cinquième sur les moyens de
détruire les taupes, le sixième sur les moyens de
prévenir le charbon qui attaque les grains. Ce
Mémoire contient quelques-uns des procédés qui
ont été publiés par ordre du gouvernement et il
est utile en ce qu'il est écrit d'une manière intelli-
gible pour les laboureurs. Du reste, Monsieur, on
ne sait à la Rochelle, que par l'almanach, qu'il y
existe une Société d'Agriculture. »

M. de Reverseaux avait lui-même demandé des
renseignements à M. Seignette. Le 14 mars, ce
dernier lui répondit :

« Monsieur,

» J'ai reçu la lettre dont vous m'avez honoré le
23 février, par laquelle vous me demandez, pour
M. le Contrôleur général, copie de l'arrêt du conseil
portant établissement de la Société d'Agriculture et
les statuts et réglements de cette Société. J'ai su,
Monsieur, des anciens membres de ce corps, que
l'arrêt ne lui avait jamais été délivré, qu'il était
demeuré dans les bureaux de l'intendance et cela
paraît assez dans l'ordre, M. l'Intendant étant, par

cet arrêt, nommé Président de la Société. Mais ce qui vous surprendra, Monsieur, c'est que les premiers membres de la Société (feu M. le comte de Châtelaillon, M. le marquis de Culan, M. Arcère, M. La Faille, etc.), peu attachés aux formes, se soient contentés de voir l'arrêt entre les mains de M. Baillon, qui passa bientôt après à une autre intendance. Ils n'en demandèrent point de copie, du moins je n'en trouve aucune trace sur le registre qui devrait commencer par l'inscription de cet arrêt, et je n'ai rien trouvé dans le dépôt de la Société. M. de La Valette a fait inutilement chercher dans vos bureaux.

» Vous verrez, Monsieur, dans le réglement dont j'ai l'honneur de vous adresser un exemplaire, que l'arrêt du conseil est du 15 février 1762.

» Je suis avec respect, etc. »

Ainsi finit cette première période de l'existence de notre Société.

Si nos prédécesseurs, dont les travaux furent utiles et remarqués par les hommes les plus intelligents d'alors, ne firent pas davantage, c'est que le mal qu'il fallait combattre n'était pas dans la routine agricole, mais dans les institutions politiques de l'État. Leur bon vouloir se brisa contre cet écueil. Ne pouvant rien ils s'arrêtèrent.

Certes, il y avait alors, comme aujourd'hui, des
trésors enfouis au sein de la terre, des trésors que
l'on pouvait surtout puiser dans la culture de la
vigne, comme il y avait de grands bienfaits à reti-
rer de la culture des céréales, des défrichements,
du perfectionnement des instruments aratoires.

Mais il ne suffisait pas de le dire, il fallait le faire.

Et pour le faire, il fallait y gagner.

Il fallait supprimer ou considérablement réduire
les droits sur les vins, les droits sur les eaux-de-
vies, les droits sur les personnes, les droits sur les
choses.

Il fallait mettre un peu de liberté sous le chaume,
un peu d'espoir dans l'âme du cultivateur, un peu
de joie au foyer de la famille.

Il fallait loger et nourrir convenablement la
masse des travailleurs.

Il fallait enfin des ressources pécuniaires pour
défricher et cultiver en grand ; et puisqu'on voulait
commercer sur les grains, il fallait en produire assez
pour bien vivre et pour bien commercer.

Il fallait tout cela, mais l'obtenir n'était pas
chose possible. Au-dessus de cette misère générale, surnageaient, brillaient et commandaient,
quand elles n'opprimaient pas, des fortunes prin-
cières. Ces fortunes occupaient tous les points cul-

minants de l'État. Autour d'elles gravitaient l'in-
trigue, la spéculation, les mauvaises passions des
subalternes (1). Quiconque cherchait à sortir du
gouffre et à s'élever, portait ombrage à cet entou-
rage, et était repoussé du pied. A quoi bon favoriser
le niveau quand on occupe les sommets et que là
sont les privilèges?

Puis qu'un paysan pouvait vivre en mangeant de
l'herbe, qu'avait-il besoin de pain?

Oui, je le répète, contre ces abus, contre ces
privilèges, contre ces institutions, le bon vouloir de
notre Société se brisa. Nos prédécesseurs se dis-
persèrent. Et, avant de fermer ce registre, ou à
côté de travaux remarquables et sérieux, se trouvaient tant d'innocentes recettes contre les insectes
et les animaux malfaisants, le père Arcère écrivit
cette conclusion pleine de tristesse : « Le sixième
» du territoire du royaume est en friche et per-
» du.... »

(1) Valin dit à propos des procureurs d'office : « Ces derniers,
» trop dévoués aux intérêts des seigneurs, ne songent qu'à éten-
» dre leurs droits, et de là tant d'injustices et de vexations.

» Il n'est si petit seigneur aujourd'hui qui ne prétende les
» corvées, et que toutes les terres de son fief lui appartiennent...
» parce que son procureur d'office, vil flatteur... ne s'applique
» qu'à dépouiller les tenanciers ou à les charger de nouveaux
» droits ; sûr de gagner ses bonnes grâces, et de faire valoir son
» zèle... »

Ici, Messieurs, s'arrête la tâche que je m'étais imposée. Cette première période est la seule que mes autres travaux m'aient permis d'aborder. De plus compétents que moi voudront bien faire le reste.

FIN.

ERRATA.

Page 2, ligne 9, au lieu de : *et le projet du canal*, lisez : *et le projet de canal*.

Page 15, ligne 5, au lieu de : *sufsamment*, lisez : *suffisamment*.

— 15 — 18 — *révélait* — *révélaient*.
— 16 — 13 — *spère* — *sphère*.
— 53 — 5 — *Elychrisum* — *Elichrysum*.
— 80 — 19 — *dans LA province*, lisez : *dans* LES *provinces*.

www.ingramcontent.com/pod-product-compliance
Lightning Source LLC
Chambersburg PA
CBHW062008200326
41519CB00017B/4726